Berichte des German Chapter of the ACM

Band 1: **Wippermann, PASCAL** 2. Tagung in Kaiserslautern
Tagung I/1979 am 16./17. 2. 1979 in Kaiserslautern. 204 Seiten, DM 34,—

Band 2: **Niedereichholz, Datenbanktechnologie**
Tagung II/1979 am 21./22. 9. 1979 in Bad Nauheim. 240 Seiten, DM 38,—

Band 3: **Remmele/Schecher, Microcomputing**
Tagung III/1979 am 24./25. 10. 1979 in München. 280 Seiten, DM 44,—

Band 4: **Schneider, Portable Software**
Tagung I/1980 am 18. 1. 1980 in Erlangen. 176 Seiten, DM 36,—

Band 6: **Hauer/Seeger, Hardware für Software**
Tagung III/1980 am 10./11. 10. 1980 in Konstanz. 303 Seiten, DM 54,—

Band 7: **Nehmer, Implementierungssprachen für nichtsequentielle Programmsysteme**
Tagung I/1981 am 20. 2. 1981 in Kaiserslautern. 208 Seiten, DM 38,—

Band 8: **Schlier, Personal Computing**
Tagung II/1981 am 12. 10. 1981 in Freiburg i. Br. 195 Seiten, DM 40,—

Band 10: **Kulisch/Ullrich, Wissenschaftliches Rechnen und Programmiersprachen**
Fachseminar am 2./3. 4. 1982 in Karlsruhe. 231 Seiten, DM 52,—

Band 11: **Langmaack/Schlender/Schmidt, Implementierung PASCAL-artiger
Programmiersprachen**
Tagung II/1982 am 12. 7. 1982 in Kiel. 221 Seiten, DM 46,—

Band 13: **Schneider, Proceedings of the International Computing Symposium 1983
on Application Systems Development**
March 22—24, 1983 Nürnberg. 528 Seiten, DM 90,—

Band 14: **Balzert, Software-Ergonomie**
Tagung I/1983 des German Chapter of the ACM am 28./29. 4. 1983 in Nürnberg.
422 Seiten, DM 72,—

Band 17: **Remmele/Schecher, Microcomputing II**
Tagung III/1983 vom 25. bis 27. 10. 1983 in München. 358 Seiten, DM 64,—

Band 18: **Morgenbrod/Sammer, Programmierumgebungen und Compiler**
Tagung I/1984 vom 2. bis 4. 4. 1984 in München. 293 Seiten, DM 56,—

Band 19: **Morgenbrod/Remmele, Entwurf großer Software-Systeme**
Workshop des German Chapter of the ACM vom 8. bis 11. 5. 1984 in Grassau.
464 Seiten, DM 82,—

Band 20: **Gorny/Kilian, Computer-Software und Sachmängelhaftung**
Workshop des German Chapter of the ACM und der Gesellschaft für Rechts- und
Verwaltungsinformatik e. V. am 29./30. 11. 1984 in Hannover. 208 Seiten, DM 48,—

Band 21: **Kölsch/Schmidt/Schweiggert, Wirtschaftsgut Software**
Tagung I/1985 des German Chapter of the ACM in Kooperation mit Softwaretest e. V.
am 26./27. 3. 1985 in Ulm. 318 Seiten, DM 58,—

Band 22: **Molzberger/Zemanek, Software-Entwicklung:
Kreativer Prozeß oder formales Problem?**
Seminar des German Chapter of the ACM am 20. 3. 1985 in Neubiberg. 176 Seiten, DM 42,—

Fortsetzung 3. Umschlagseite

Berichte des German Chapter
of the ACM   35

H.-J. Hoffmann (Hrsg.)
Eiffel

Berichte des German Chapter of the ACM

Im Auftrag des German Chapter
of the ACM herausgegeben durch den Vorstand

Chairman
Hans-Joachim Habermann, Neuer Wall 32, 2000 Hamburg 36

Vice Chairman
Prof. Dr. Gerhard Barth, Erwin-Schrödinger-Straße 57, 6750 Kaiserslautern

Treasurer
Eckhard Jaus, Gemsenweg 12, 7250 Leonberg

Secretary
Prof. Dr. Peter Gorny, Ammerländer Heerstraße 114–118, 2900 Oldenburg

Band 35

Die Reihe dient der schnellen und weiten Verbreitung neuer, für die Praxis relevanter Entwicklungen in der Informatik. Hierbei sollen alle Gebiete der Informatik sowie ihre Anwendungen angemessen berücksichtigt werden.

Bevorzugt werden in dieser Reihe die Tagungsberichte der vom German Chapter allein oder gemeinsam mit anderen Gesellschaften veranstalteten Tagungen veröffentlicht. Darüber hinaus sollen wichtige Forschungs- und Übersichtsberichte in dieser Reihe aufgenommen werden.

Aktualität und Qualität sind entscheidend für die Veröffentlichung. Die Herausgeber nehmen Manuskripte in deutscher und englischer Sprache entgegen.

Eiffel

**Fachtagung des German Chapter
of the ACM e. V. in Zusammenarbeit mit der
Gesellschaft für Informatik e. V., FA 2.1,
am 25. und 26. Mai 1992 in Darmstadt**

Herausgegeben von

Prof. Dr. Hans-Jürgen Hoffmann
Technische Hochschule Darmstadt

B. G. Teubner Stuttgart 1992

Die Deutsche Bibliothek – CIP-Einheitsaufnahme

Eiffel:
Fachtagung des German Chapter of the ACM e.V. in Zusammenarbeit mit Gesellschaft für Informatik e.V., FA 2.1, am 25. und 26. Mai 1992 in Darmstadt / hrsg. von Hans-Jürgen Hoffmann. –
Stuttgart : Teubner, 1992
  ISBN-13: 978-3-519-02676-1   e-ISBN-13: 978-3-322-86775-9
  DOI: 10.1007/978-3-322-86775-9

NE: Hoffmann, Hans-Jürgen [Hrsg.]; Association for Computing Machinery / German Chapter

Gesamtherstellung: Präzis-Druck GmbH, Karlsruhe
Einband: P.P.K,S-Konzepte, Tabea Koch, Ostfildern/Stgt.

Vorwort

ie Programmiersprache Eiffel, 1988 von Bertrand Meyer in seinem
uch *Object-oriented Software Construction* [MEY 88] der breiten
achwelt vorgestellt, stößt auf zunehmendes Interesse.

ie Fachtagung, die am 25. und 26. Mai 1992 in Darmstadt veran-
taltet wird, soll Gelegenheit bieten, Interessenten an Eiffel
usammenzuführen, aktuelle Themen dazu zu behandeln und eine
reite Diskussion darüber zu ermöglichen. Die Veranstaltung ist,
o hoffen die Veranstalter, als eine Initialzündung zum wissen-
chaftlichen Betrachten dieser objektorientierten Programmier-
prache und einem Auseinandersetzen mit Erreichtem und möglichen
eiterentwicklungen zu sehen.

itten in die Planung und das Zusammenstellen des Tagungsprogramms
iel die Ankündigung von Eiffel 3 [MEY 91]. Beitragende haben
ersucht, Ihren Aufsatz an diese neue Sprachversion anzupassen. In
er kurzen Zeitspanne bis zur Drucklegung mußte diese Anpassung
um Teil rudimentär bleiben; man möge hier Nachsicht üben.

omit könnte ich mein Interesse an Eiffel begründen?

ei den Software-Ingenieuren und Programmierern gab es von Beginn
n die Diskussion über die richtige Methodik des Programmierens
nd über das richtige Mittel, Realisierungsideen für eine
nwendungsaufgabe in einer Programmiersprache auszudrücken; seit
ufkommen der persönlichen Rechner am Arbeitsplatz spielt das
nterstützende Angebot einer dazu passenden Programmierumgebung
unehmend eine wichtige Rolle.

bjektorientierte Ansätze, so alt wie sie sind, als Grundlage der
ufgabenanalyse, des Umsetzens in Entwurfskonzepte, der Programm-
ntwicklung, der Qualitätskontrolle und des Umgangs mit
chließlich entstandenen Programmen sind Stand der Methoden-
iskussion. Mit Eiffel besteht m.E. die Chance, Datenkapselung und
atenabstraktion als bewährte Ansätze mit qualitätssichernden
aßnahmen, die von den Vorstellungen über Programmverifikation und
er auch im täglichen Leben gewohnten vertraglichen Bindung von
ooperierenden Partnern geprägt sind, in Verbindung zu bringen und
amit zu aller Nutzen einen weiteren Schritt im Übergang der
oftware-Entwicklungsmethodik von Kunst über Wissenschaft zu
echnik zu vollziehen. Ich sehe hier eine Verpflichtung.

ittel zum Zweck der Programmrealisierung ist bei all dem immer
ie Programmiersprache. Hier steht Eiffel in Konkurrenz zu anderen
bjektorientierten Programmiersprachen. Ist es da wie bei der
uttersprache, die uns im Kindesalter zukommt; sie beherrschen wir
nser ganzes Leben lang am besten. Nur an wenigen Orten beginnt
ie Programmierausbildung mit Eiffel. So geht es um sprachliche
ähe zu typischen Ausbildungssprachen. Eiffel steht da besser da
ls das methodisch vergleichbare Smalltalk, ohne Zweifel. Wie ist
s im Vergleich mit C++? Eleganz, Beitrag zur Qualitätssicherung,
usgrenzung von überkommenem Ballast sind einige Plus-Punkte für
iffel; Effizienz und Akzeptanz müssen noch erreicht werden. Ist
s wert, sich dafür einzusetzen, insbesondere als Professor an
iner Hochschule?

Interaktives Programmieren, heute in zahlreichen und vielfältigen Programmierumgebungen realisiert, stößt auf mein Interesse. Die Nähe von Eiffel zu anderen, verbreiteten Sprachen erlaubt die Integration auch von Eiffel in eine moderne Arbeitsumgebung des Programmierers. Hier ist eine Vereinheitlichung unter einem der offenen Benutzungsoberflächensysteme anzustreben, die gleichzeitigen Umgang mit verschiedenen Systemen erleichtert. Eiffel bietet sich als eine Basis dazu an.

Tagungsbeiträge können einen Arbeitsbereich nicht vollständig abdecken, in dem Innovation und Umsetzen im Detail so gefordert sind wie in dem Bereich der Programmiermethodik, der Programmiersprachen und der Programmierumgebungen. Einiges sollte ein Teilnehmer der Tagung bzw. ein Leser dieses Buchs doch mit nach Hause nehmen bzw. beim genauen Studium herausfinden können. Ich freue mich, die Gelegenheit gehabt zu haben, die Tagung vorzubereiten und den Tagungsband herauszugeben.

Man erlaube mir aber noch eine Bemerkung:
Ein Herausgeber eines Tagungsbands, der Beiträge in der Form enthält, wie sie Autoren abgegeben haben, steht heutzutage immer vor der Frage, ob man Tipp-, Rechtschreib- und Stilfehler in den Texten durchgehen läßt oder nicht. Soll man sich als Lektor betätigen oder nicht? Kritischen Lesern sei weitergegeben, daß wir Autoren auf derartige Mängel nach der Begutachtung hingewiesen und um gründliche Überarbeitung gebeten haben. Leider sind in den endgültigen Druckvorlagen nicht alle Mängel behoben gewesen. Die kritischen Leser bitte ich, dies nicht dem Herausgeber anzulasten.

Zu drei Begriffen, die naheliegenderweise in den Beiträgen immer wieder vorkommen, möchte ich bei dieser Gelegenheit meine Meinung weitergeben. Ich tue das angeregt durch die Diskussion über den kürzlich im Informatikspektrum erschienenen Artikel von Prof. Rechenberg aus Linz [REC 91]:

- Nach meinem Verständnis der Regeln der deutschen Rechtschreibung heißt es "objektorientiert", und nicht "objekt-orientiert".

- "Browser" empfinde ich als einen unnötigen, vermeidbaren Amerikanismus. Mein Vorschlag ist, im Deutschen dafür den Begriff "Stöberer" zu verwenden. Der Wortstamm eignet sich gut zum Bilden von Verbformen wie "stöbern", "gestöbert haben" u.ä. (man stelle dem einmal das Wort "gebrowst" gegenüber, das sicherlich schon jemand in Deutschland gebraucht hat).

- "Instanz" hat bei uns eine eingeführte Bedeutung. Statt "Instanz einer Klasse", was mit dieser Bedeutung nicht in Einklang zu bringen ist, schlage ich "Exemplar einer Klasse" oder "Ausprägung einer Klasse" vor.

Ich danke dem Vorstand des German Chapter of the ACM e.V. dafür, daß meine Initiative zum Veranstalten einer Tagung über Eiffel so bereitwillig aufgegriffen und tatkräftig unterstützt wurde. Dem Fachausschuß *Software-Engineering* der Gesellschaft für Informatik e.V. danke ich ebenfalls für die gerne wahrgenommene Zusammenarbeit. Den Mitgliedern des Programmkomitees muß für die engagierte fachliche Unterstützung und den Mitarbeitern an meinem Lehrstuhl an der Techn. Hochschule Darmstadt für die willige organisatorische Unterstützung besonderer Dank gesagt werden. Mein

ank geht an den Verlag für das unkomplizierte Herstellen des
agungsbands.

chließlich muß für das Angebot von Beiträgen gedankt werden, aus
enen das Programmkomitee das Tagungsprogramm zusammenstellen
onnte. Herrn Dr. Bertrand Meyer und Herrn Dr. Kim Walden ist für
ie beiden Vorträge zu Beginn und am Ende der Veranstaltung zu
anken. Den Vortragenden der acht Fachbeiträge dazwischen und den
oordinatoren der Arbeitskreise gilt ebenso mein Dank.

armstadt, im Februar 1992

niv.-Prof.Dr. Hans-Jürgen Hoffmann

Mey 88]   Bertrand Meyer: Object-oriented Software Construction;
               Prentice-Hall, 1988
           Bertrand Meyer: Objektorientierte Softwareentwicklung;
               (übersetzt von W. Simonsmeier)
           Carl-Hanser Verlag/Prentice-Hall Intl., 1990

Mey 91]   Bertrand Meyer: Eiffel, the language;
               Interactive Software Engineering, Santa Barbara
               and
           Société des Outils du Logiciel, Paris, 1991

Rec 91]   Peter Rechenberg: Übersetzungen von Informatik-
               Literatur bekümmert betrachtet;
           Informatik-Spektrum, Band 14, Heft 1, Februar 1991,
               Seiten 28 - 33

Inhalt

Eiffel: Version 3 and beyond

Bertrand Meyer

Interactive Software Engineering
Santa Barbara, Calif., USA

bertrand@EIFFEL.COM

<u>Abstract</u>

With version 3 of ISE's Eiffel implementation the various components of the Eiffel approach - method, language, environments, libraries - have been put together. This presentation will introduce the components of the brand new implementation, emphasizing the more novel tools, the support for object-oriented analysis and design, and the mechanisms allowing database access, graphics, and user interface construction.

The second part of the presentation will outline a program of action for the development of Eiffel in the years to come.

Erweiterung von Eiffel um persistente Konzepte

Martin Nagler

Friedrich-Alexander-Universität Erlangen-Nürnberg
Inst. für mathematische Maschinen und
Datenverarbeitung (Informatik 6)

Martensstr. 3
D-W-8520 Erlangen

Zusammenfassung:
In diesem Beitrag werden zunächst die unterschiedlichen Ansätze zur Persistenz kurz
rekapituliert, bevor auf vorhandene Persistenzmechanismen in EIFFEL eingegangen wird. Persistenz stellt sich in erster Linie als Identitätsproblem dar, da eine unterschiedliche Interpretation
der Identität im Hauptspeicher und auf Sekundärspeicher vorliegt. Im Mittelpunkt steht die
Diskussion prinzipieller Probleme für eine persistente Erweiterung von EIFFEL, wie die
Identifikation persistenter Objekte, des Zugriffs auf persistente Objekte sowie der notwendigen
Erweiterung des EIFFEL-Systems. Darauf aufbauend werden die notwendigen Maßnahmen für
die Kopplung von EIFFEL mit einem relationalen Datenbanksystem vorgestellt. Abschließend
wird ein Sprachvorschlag skizziert, der auf den dargestellten Entwurfsentscheidungen basiert.

Abstract:
The paper starts with a short discussion of different approaches to persistence. After that,
existing persistence mechanisms in EIFFEL are considered. It turns out, that persistence is
primary a problem of object identity due to different semantics of identity in main memory and
secondary storage. Fundamental problems of extending EIFFEL with persistent concepts, e.g.
identification of persistent objects, access to persistent objects, and necessary extensions of the
EIFFEL language, are described further on. Based upon the identified design principles, steps
for coupling EIFFEL with a relational database are introduced. The paper closes with a short
sketch of a language proposal for extending EIFFEL with persistence mechanisms.

1. Einleitung

In diesem Beitrag wird ein Konzept vorgestellt, die Sprache EIFFEL [Mey 88] um persistente
Mechanismen zu erweitern. Die Erweiterung ist vornehmlich dadurch motiviert, daß EIFFEL
aufgrund seiner konzeptuellen Klarheit und aufgrund vorhandener Werkzeuge als
Schemaentwurfssprache für den objektorientierten Systementwurf geeignet ist. Mit der
vorgestellten Erweiterung ist es möglich, das erstellte Schema als Basis für eine persistente
Datenhaltung zu verwenden. Zunächst werden die verschiedenen Möglichkeiten der Persistenz
in Programmiersprachen angesprochen, sowie die bereits vorhandenen Persistenzmechanismen
in EIFFEL vorgestellt. Anschließend wird gezeigt, daß sich die Sicherstellung der Persistenz in
erster Linie als Identitätsproblem darstellt. Dieses Problem ist darin begründet, daß die
Adressierbarkeit eines Objekts im Hauptspeicher vollkommen von der Identität eines Objekts
verschieden ist, die für deskriptive Anfragen bei Datenbanken benutzt wird. Der nächste
Abschnitt zeigt den Unterschied zwischen identitätserhaltender Semantik und Kopiersemantik

auf. Für die Erweiterung von EIFFEL wurde die Kopiersemantik ausgewählt. Der Unterschied zwischen identitätserhaltender und Kopiersemantik stellt sich wie folgt dar: Bei der Kopiersemantik ist der Benutzer selbst für den Transport zwischen Hauptspeicher und Sekundärspeicher verantwortlich, während bei der identitätserhaltenden Semantik immer der aktuelle Zustands eines Objekts auf dem Sekundärspeicher steht (der Hauptspeicher wird als Puffer benutzt). Weitere wichtige Entwurfsentscheidungen bei der Kopplung sind die Fragen des Zugriffs von der Programmiersprache auf Datenbankobjekte sowie die Identifikation von Datenobjekten, welche in der Datenbank abgelegt sind. Den Abschluß bildet die Spezifikation einer Spracherweiterung für EIFFEL um Konzepte zur persistenten Datenhaltung.

2.   Persistenz in Programmiersprachen

Daten werden als persistent bezeichnet, wenn sie nach Ende des Programms, das sie erzeugte, noch verfügbar sind. Zu diesem Zweck werden sie auf nichtflüchtigem Sekundärspeicher abgelegt. Nach [AB 87] werden drei Arten von Persistenz unterschieden:

- "all or nothing" - Persistenz. Diese ist bei einigen interaktiven Programmiersprachen, wie z. B. einigen Versionen von Lisp oder Prolog zu finden. Bei dieser Art der Persistenz kann eine Sitzung abgebrochen und zu einem späteren Zeitpunkt fortgeführt werden. Hierzu wird das gesamte Core Image gespeichert. Die persistenten Daten können nicht von mehreren Programmen genutzt werden und das Überleben der "Datenbank" ist stark von der Integrität des gesamten Programmsystems abhängig.

- "replicating" Persistenz. Bei dieser Form der Persistenz gibt es Programminstruktionen, mit denen Strukturen zwischen Haupt- und Hintergrundspeicher bewegt werden können. Der "file"-Typ in Pascal ist ein Beispiel hierfür. Die Strukturen, die in einer Datei abgelegt werden können, sind begrenzt. Sie können beispielsweise keine Zeiger enthalten und ihre Typinformation geht verloren.

- "intrinsic" Persistenz. Hier ist jeder Wert eines Programms persistent. In diesem Modell wird nicht zwischen Primär- und Sekundärspeicher unterschieden und es ist nicht notwendig, Daten zu kopieren oder ihre Bewegung zu steuern. Der Nachteil dabei ist, daß es keinen Nutzen bringt, den Speicherplatz für Werte zu halten, für die keine Referenz mehr existiert. Außerdem kann es sinnvoll sein, eine persistente Struktur um transiente Informationen zu erweitern, um beispielsweise Zwischenergebnisse von umfangreicheren Berechnungen vorübergehend zu erhalten. In diesem Fall bringt die Persistenz der zusätzlichen Informationen keinen Nutzen.

Atkinson und Buneman geben in [AB 87] einen Überblick über die Persistenz in verschiedenen Programmiersprachen. In vielen Sprachen ist der einzige persistente Datentyp der Typ "file". Eine direkte Unterstützung von verketteten, dynamischen Strukturen wird dagegen nicht angeboten.

3.   Persistenz in EIFFEL

EIFFEL verfügt neben der Klasse "file" über rudimentäre persistente Mechanismen, STORABLE sowie ENVIRONMENT ([Mey 88], [EIF 90]), die im folgenden kurz beschrieben werden:

3.1 Die Klasse STORABLE

Mit Hilfe dieser Klasse kann ein komplexes Objekt in einer Datei gespeichert und später wieder zurückgeholt werden. Dafür stehen die Funktionen *store* und *retrieve* zur Verfügung. Die Funktionsweise soll an folgendem Beispiel dargestellt werden:

Gegeben sei das in Abbildung 1 gezeigte Objekt x, wobei der Typ von x von der Klasse STORABLE erbt.

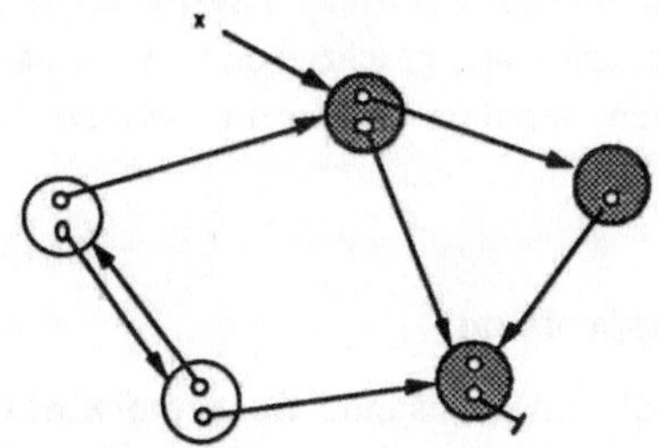

Abb.1:   Beispiel für eine komplexe Objektstruktur

Mit `x.store(fn)`, wobei `fn` ein Dateiname ist, kann das komplexe Objekt x gespeichert werden. Zu diesem komplexen Objekt gehören alle von x direkt oder indirekt mittels Referenzen erreichbaren Objekte. Im Beispiel sind das alle schraffiert dargestellten. Nur der Typ von x muß ein Erbe von STORABLE sein, die Attribute von x können beliebigen Typ haben. Die externe Darstellung berücksichtigt sämtliche Referenzen und Zyklen innerhalb des komplexen Objektes.

Die gesamte gespeicherte Struktur kann mit `y.retrieve(fn)` wieder zurückgeholt werden. Hierbei muß y nicht demselben Programmsystem angehören wie x, jedoch die Klassen von x und y müssen übereinstimmen. D. h. ein Objekt kann nicht als Ausprägung einer Klasse gespeichert und als Ausprägung einer anderen gelesen werden.

Mit Hilfe der Klasse STORABLE kann immer nur ein komplexes Objekt gespeichert oder zurückgeholt werden.

3.2 Die Klasse ENVIRONMENT

Die Bibliotheksklasse ENVIRONMENT verhält sich etwas anders. Eine Ausprägung dieser Klasse ist eine Menge von Objekten. ENVIRONMENT stellt eine Reihe von Methoden zur Verfügung. Dies sind unter anderem:

`create`	Erzeugen eines Objektes vom Typ ENVIRONMENT
`open`	Aktivieren eines Objektes vom Typ ENVIRONMENT
`close`	Deaktivieren eines Objektes vom Typ ENVIRONMENT

Solange ein Environment aktiv ist, werden alle in dieser Zeit erzeugten Objekte in dieses aufgenommen. Dazu müssen sie nicht von ENVIRONMENT erben. Um die Objekte identifizieren zu können, ist es möglich, sie mit einem Schlüssel zu versehen:

`put(obj: ANY; key: STRING)`   Objekt *obj* (vom Typ ANY oder einem Erben davon) unter dem Schlüssel *key* (vom Typ

STRING) in das aktive Environment aufnehmen

Mit einem einzigen Speicheraufruf wird die externe Darstellung des gesamten Environments gespeichert. Auch hier werden, wie bei der Klasse STORABLE, Referenzen und Zyklen berücksichtigt. Zu einem späteren Zeitpunkt kann das Environment wieder gelesen und die darin enthaltenen Objekte mittels dem dazugehörenden Schlüssel angesprochen werden. Innerhalb eines Environments ist also ein wahlfreier Zugriff möglich. Es kann jedoch immer nur das gesamte Environment in eine Datei geschrieben und nur das komplette Environment vom Sekundärspeicher gelesen werden. Bei sehr großen Datenmengen ist diese Vorgehensweise problematisch.

4. Persistenz als Identitätsproblem

Bei der Erweiterung von EIFFEL um persistente Konzepte wird davon ausgegangen, daß EIFFEL-Objekte in einer relationalen Datenbank abgelegt werden. Insbesonders wird verlangt, daß zusammengesetzte Objekte, die auf der Datenbank abgelegt wurden, von dort ohne Zutun des Benutzers rekonstruiert und in den Hauptspeicher transferiert werden. EIFFEL-Objekte setzen sich aus Attributen und Referenzen auf andere Objekte zusammen. Referenzen sind Hauptspeicheradressen und es hat sicher keinen Sinn, diese in einer Datenbank abzulegen. Es muß also nach einer geeigneten Repräsentierung physikalischer Referenzen gesucht werden. Als naheliegend hat sich dabei die Ersetzung von physikalischen Referenzen durch logische erwiesen ([DGL 86]). Ohne auf Implementierungsdetails eingehen zu wollen, wird angenommen, daß jede Klasse auf eine Relation und jede Ausprägung auf ein Tupel abgebildet wird.

4.1 Adressierbarkeit versus Identität

Es ist ein Unterschied, ob jemand auf ein Haus zeigt, und es dadurch von anderen unterscheidet, oder ob er das Haus beschreibt und durch die Beschreibung das Haus von allen anderen Häusern unterschieden werden kann. Im ersten Fall wird das Haus durch seine Adressierbarkeit identifiziert (deiktische Handlung), während im zweiten Fall die Identität durch die Beschreibung aller Eigenschaften hergestellt wird. Dieses einführende Beispiel verdeutlicht den Unterschied zwischen Adressierbarkeit und Identität.

- *Adressierbarkeit* eines Objektes ist eine externe Eigenschaft. Ihr Ziel ist es, innerhalb einer bestimmten Umgebung den Zugriff auf ein Objekt zu ermöglichen. Adressierbarkeit ist somit umgebungsabhängig.

- *Identität* ist eine interne Eigenschaft eines Objektes. Ihre Aufgabe ist es, die Individualität eines Objektes zu sichern und zwar unabhängig von der Art und Weise, wie auf das Objekt zugegriffen wird.

Das Identitätskonzept relationaler Datenbanken ist ziemlich einfach. Eine Datenbank besteht in der Regel aus mehreren Relationen. Eine Relation ist eine Tabelle, bestehend aus Zeilen, den sogenannten Tupeln, und Spalten, den sogenannten Attributen. Ein Tupel wird durch seine Attributwerte identifiziert. Um die Identität eines Tupels zu repräsentieren, ist ein benutzerdefinierter Schlüssel erforderlich. Dieser wird von einer Untermenge der Attribute gebildet und ist für alle Tupel einer Relation eindeutig. Identität ist also eine innere Eigenschaft eines Tupels. Das Konzept der Objektidentität in EIFFEL soll an der untenstehenden Abbildung 2 veranschaulicht werden.

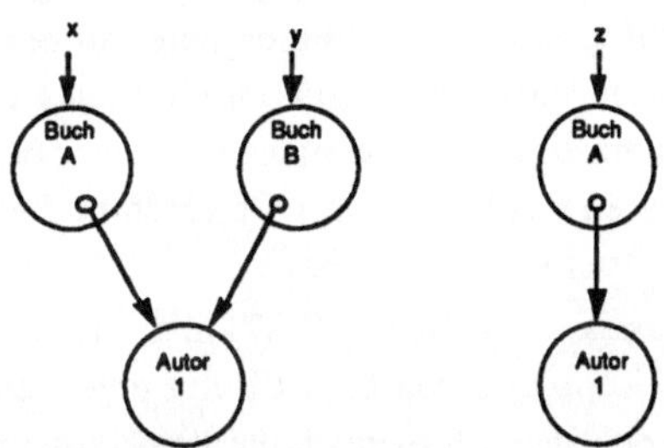

Abb. 2:   *Veranschaulichung der Objektidentität in EIFFEL*

Die Bezeichner x und y verweisen auf Ausprägungen vom Typ BUCH. Diese besitzen neben Attributen z. B. für Titel, Erscheinungsjahr usw. auch eine Referenz auf ein Objekt vom Typ AUTOR. Durch x.Autor und y.Autor werden physikalisch identische Ausprägungen referenziert. Durch x und z werden dagegen inhaltlich gleiche Objekte angesprochen.

Diese zwei Arten von Identitäten lassen sich in EIFFEL durch zwei unterschiedliche Funktionen testen:

- physikalische oder referenzielle (d. h. externe) Identität: x.Autor = y.Autor
- inhaltliche (d. h. interne) Identität: x.Equal(z)

Zwei physikalisch identische Objekte sind selbstverständlich auch inhaltlich gleich, die Umkehrung gilt jedoch nicht.

Sollen EIFFEL-Objekte in einer relationalen Datenbank abgelegt werden, so besteht das Problem darin, daß zwei unterschiedliche Kriterien für Identität aufeinander abzubilden sind. Genauer gesagt, in der Datenbank muß das Identitätskonzept von EIFFEL simuliert werden. Die beiden Objekte x und z in Abbildung 2 sind inhaltlich identisch, trotzdem muß es eine Möglichkeit geben, sie in der Datenbank zu unterscheiden. Zu diesem Zweck erhält jedes Tupel einen künstlichen Schlüssel. Zwei Objekte mit gleichem Inhalt, aber unterschiedlicher Hauptspeicheradresse, werden dann auf zwei unterschiedliche Tupel abgebildet, die sich nur durch ihren Schlüssel unterscheiden. Der künstliche Schlüssel ermöglicht also die Darstellung der referenziellen Identität.

Im vorigen Beispiel bedeutet das, daß die komplexen Objekte x und z auf zwei unterschiedliche Datenbank-Objekte x' und z' abgebildet werden, bei denen lediglich der Schlüssel verschieden ist. Um entscheiden zu können, welches Datenbank-Objekt die Kopie von x ist, wird nach dem Speichern der Schlüssel von x' in x eingetragen.

Abschließend stellt sich die Frage, ob zwei physikalisch identische Hauptspeicherobjekte beim mehrmaligen Speichern auf ein oder mehrere Tupel abgebildet werden sollen. In der Abbildung 2 besitzen die zwei komplexen Objekte x und y ein gemeinsames Unterobjekt. Beim Speichern von x wird sowohl die BUCH- als auch die AUTOR-Ausprägung gespeichert. Würde man nun das komplexe Objekt y speichern, so gibt es zwei Möglichkeiten:

- Es wird berücksichtigt, daß das AUTOR-Objekt bereits in der Datenbank enthalten ist. In diesem Fall wird nur das BUCH-Objekt in der Datenbank angelegt, es referenziert das bereits gespeicherte AUTOR-Objekt. Dieses Verfahren simuliert das

Identitätskonzept von EIFFEL nahezu vollständig. Es handelt sich also um eine *identitätserhaltende Semantik* von Persistenz.

- Eine andere Möglichkeit besteht darin, generell das gesamte Objekt zu speichern, ohne Rücksicht auf gemeinsame Unterobjekte mit bereits gespeicherten anderen Objekten. Bei dieser Variante ist sowohl ein neues BUCH- als auch ein neues AUTOR-Tupel zu erzeugen. Das bedeutet, daß der Speichervorgang gleichzusetzen ist mit dem Kopieren des komplexen Objektes in die Datenbank. Dies wird im folgenden als *Kopiersemantik* bezeichnet.

Die identitätserhaltende Semantik kann nach [AB 87] in die Kategorie "intrinsic persistence" eingereiht werden. Bei einer Kopplung von EIFFEL mit einer relationalen Datenbank wäre somit der Hauptspeicher nur noch als Pufferbereich für die persistenten Objekte anzusehen.

Für die nachfolgend konzipierte Erweiterung von EIFFEL um persistente Mechanismen wurde die Kopiersemantik ausgewählt. Einer der ausschlaggebenden Gründe war die Fortführung der traditionellen Schnittstelle zwischen Programmen und Datenbank mittels expliziter store&retrieve Anweisungen.

4.2 Kopiersemantik

Bei der Kopiersemantik wird durch einen Store-Aufruf der Zustand eines Hauptspeicherobjekts in der Datenbank abgelegt. Dieses Konzept des Kopierens eines Hauptspeicherobjekts veranschaulicht die nachfolgende Abbildung 3. Durch Speichern von x wird das gesamte komplexe Objekt in die Datenbank kopiert. Das gleiche geschieht beim Speichern von y. Auf diese Weise wird die AUTOR-Ausprägung zweimal in der Datenbank abgelegt.

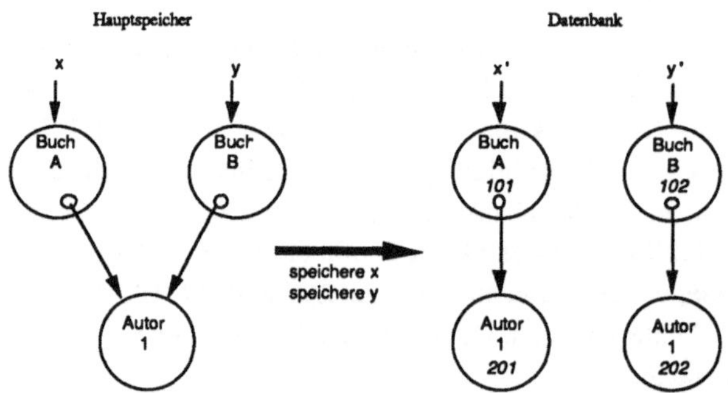

Abb. 3:   Veranschaulichung der Kopiersemantik

Um zu ermöglichen, daß die Datenbank-Objekte x' und y' dasselbe AUTOR-Datenbank-Objekt referenzieren, muß eine Möglichkeit vorgesehen werden, um die beiden Objekte in der Datenbank nachträglich zu verschmelzen. Diese kann vom Anwender in Anspruch genommen werden, muß aber nicht. Das Lesen aus der Datenbank entspricht ebenfalls einem Kopiervorgang. Auch hier werden "shared object"-Beziehungen nicht berücksichtigt. Der Anwender kann sie im Hauptspeicher nachträglich herstellen.

Die Beziehung zwischen Datenbank- und Hauptspeicherobjekt wird mit Hilfe eines künstlichen Schlüssels hergestellt. Beim Anlegen eines Datenbankobjekts wird der Schlüssel erzeugt und im entsprechenden Hauptspeicherobjekt eingetragen. Es ist jedoch auf diese Weise nicht möglich, eine eins-zu-eins Identität zwischen Hauptspeicher- und Datenbank-Objekten herzustellen. Wie der Abbildung 3 zu entnehmen ist, wird die AUTOR-Ausprägung beim Speichern von x und y auf zwei Datenbank-Ausprägungen abgebildet, es ist aber nicht möglich, beide Schlüssel im Hauptspeicher-Objekt einzutragen. Die Ursache hierfür liegt darin, daß die Kopiersemantik keine Identitäten berücksichtigt. Wenn ein Hauptspeicher-Objekt auf mehrere Datenbank-Objekte abgebildet wird, dann ist die Zuordnung <Hauptspeicher-Objekt; Datenbank-Objekt> nicht mehr eindeutig.

Für die eindeutige Zuordnung zwischen einem komplexen Hauptspeicherobjekt und dem entsprechenden Datenbankobjekt reicht es aus, eine 1:1-Beziehung zwischen den Wurzelobjekten herzustellen, dadurch wird das Problem des mehrfachen Schlüsseleintrags bei untergeordneten Objekten vermieden. In Abbildung 4 werden beim Speichern von x und y nur in den jeweiligen BUCH-Objekten die entsprechenden künstlichen Schlüssel eingetragen. Das AUTOR-Objekt ist kein Wurzelobjekt und erhält daher im Hauptspeicher keinen Schlüssel.

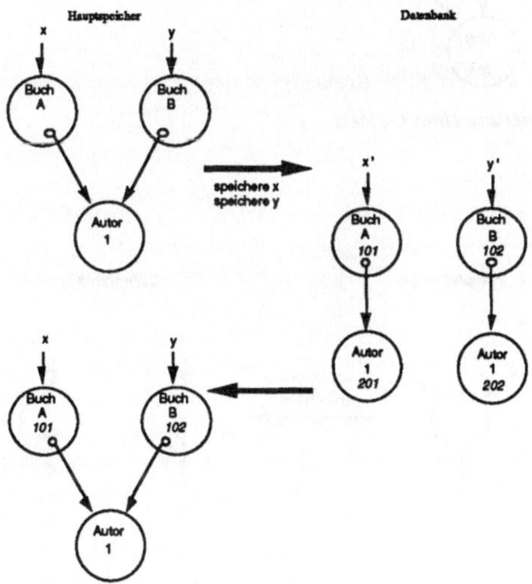

Abb. 4:   *Einführung von künstlichen Schlüsseln zur Darstellung der Beziehung zwischen Hauptspeicher- und Datenbankobjekt*

Dieses Verfahren sorgt auch dann für eine eindeutige Zuordnung, wenn ein Hauptspeicherobjekt sowohl Wurzelobjekt als auch untergeordnetes Objekt ist (Abbildung 5).

Es verbleibt der Fall, daß ein komplexes Hauptspeicherobjekt mehrfach gespeichert wird. Falls das obige Verfahren angewendet wird, müßten zwei Schlüssel in das entsprechende Wurzelobjekt geschrieben werden (Abbildung 6).

Das Problem ist folgendermaßen lösbar: Beim Speichern von c wird der augenblickliche Zustand des Hauptspeicher-Objektes in der Datenbank abgelegt. Der Speicheraufruf für d speichert einen neuen Zustand desselben Objektes. Der gültige Schlüssel ist damit der zuletzt erzeugte und dieser wird in das Hauptspeicher-Objekt eingetragen.

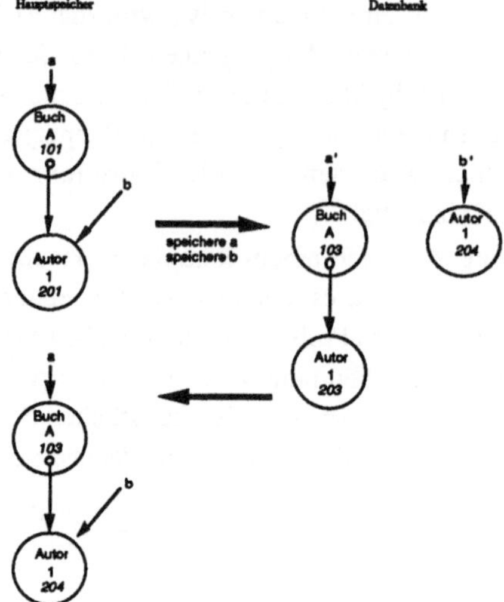

Abb. 5: *Mehrfachreferenzierung eines Objekts*

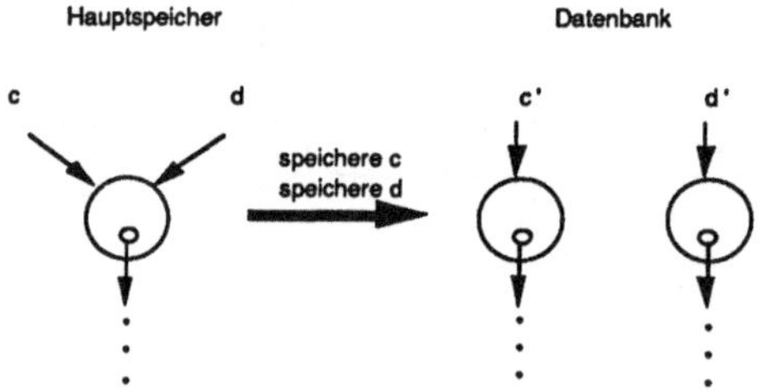

Abb.6 *Mehrfache Abspeicherung eines Hauptspeicherobjekts*

5. Notwendige Erweiterung von EIFFEL

Wie im vorigen Abschnitt deutlich wurde, bewirkt das Speichern eines komplexen Objektes das Anlegen einer vollständigen Kopie in der Datenbank. Um eine eins-zu-eins Beziehung zwischen dem gespeicherten Hauptspeicher- und dem Datenbank-Objekt herzustellen, wird der künstliche Schlüssel in die Wurzel des Hauptspeicher-Objektes eingetragen. Hierfür ist ein zusätzliches Attribut erforderlich, welches für den Programmierer transparent ist. Die Persistenzeigenschaft soll orthogonal zum Typ sein, das heißt, jedes Objekt beliebigen Typs soll speicherbar sein. Aus diesem Grund muß in jeder Klasse ein Attribut für den künstlichen Schlüssel existieren. Außerdem sind für die Realisierung von Persistenz eine Reihe von Methoden notwendig, die auf jedes beliebige Objekt anwendbar sein müssen. Es ist daher sinnvoll, sämtliche dieser Attribute und Methoden in einer eigenen Klasse zusammenzufassen, die im folgenden mit PERSISTENT bezeichnet wird.

Die potentielle Persistenz aller Objekte erfordert, daß jede Klasse ein Erbe von PERSISTENT ist. Dazu muß jede Klasse folgende Anweisung enthalten:

```
inherit
    PERSISTENT
```

Würde man verlangen, daß der Anwender bei der Definition jeder neuen Klasse diese Anweisung in die Klassendefinition aufnimmt, so wäre die Persistenzeigenschaft nicht transparent. Außerdem hätte diese Vorgehensweise folgenden Nachteil: Früher definierte Klassen, wie z. B. die in der Bibliothek zusammengefaßten, beinhalten obige Anweisung nicht. Das Speichern von Objektenen dieser Klassen wäre also nur möglich, wenn in der Klassenbeschreibung obige Anweisung eingefügt würde. Dies bedeutet, daß sämtliche bereits geschriebenen Klassen geändert werden müßten .

EIFFEL bietet eine Lösung für dieses Problem: Es gibt eine Klasse namens HERE [EIF 90]. Der EIFFEL-Precompiler fügt in jede Klasse, die nicht explizit von irgendeiner Klasse erbt, die Anweisung

```
inherit
    HERE
```

automatisch ein. Auf diese Weise erbt jede Klasse direkt oder indirekt von HERE. Die Klasse hat zur Zeit folgenden Aufbau:

```
class HERE
    inherit
        ANY
end --class HERE
```

Das heißt, zur Zeit erbt jede Klasse direkt oder indirekt von ANY. Würde man HERE zu einem Erben von PERSISTENT machen, so würde auf diese Weise jede Klasse von PERSISTENT erben. Persistenz ist dann keine Eigenschaft einer Klasse, sondern orthogonal dazu. Das Ändern von HERE bewirkt zwar, daß sämtliche Klassen, auch die Bibliotheksklassen, neu kompiliert werden müssen, es ist jedoch keinerlei Änderung des Quelltextes nötig.

6. Zugriff auf persistente EIFFEL-Objekte

EIFFEL unterstützt das Konzept des abstrakten Datentyps [Gut 77]. Sie bietet alle Sicherungsmechanismen zur Aufrechterhaltung der Konsistenz für alle Ausprägungen einer Klasse (INVARIANT, ENSURE, REQUIRE, vgl. [Mey 88]). Eine fundaméntale Forderung abstrakter Datentypen besagt, daß Ausprägungen einer Klasse nur mit Hilfe der an der Schnittstelle angebotenen Funktionen modifiziert werden dürfen. Von diesen Funktionen wird angenommen, daß sie alle Klasseninvarianten erfüllen.

Durch Kopieren eines Hauptspeicherobjekts entsteht ein persistentes Datenbankobjekt. Es ist somit Ausprägung einer Klasse und erfüllt die Klasseninvariante. Jede erlaubte Änderung in der Datenbank muß diese Eigenschaft erhalten. Damit ergibt sich eine allgemeine Forderung:

Datenbank-Objekte sind in gleicher Weise zu behandeln wie Hauptspeicher-Objekte, d. h. es dürfen nur solche Änderungen durchgeführt werden, die auch im Hauptspeicher erlaubt sind.

In diesem Fall ist gewährleistet, daß für sämtliche in der Datenbank enthaltenen Objekte die entsprechende Invariante erfüllt ist. Das setzt jedoch voraus, daß sämtliche Datenbankmanipulationen mit Hilfe der von der EIFFEL-Erweiterung zur Verfügung gestellten Operationen erfolgen.

Beim Abspeichern eines EIFFEL-Objekts wird dieses in seiner Gesamtheit, also inklusive aller Unterobjekte in der Datenbank abgelegt. Es ist nun zu klären, ob persistente Objekte bezüglich des Zugriff eine atomare Einheit bilden oder ob der Zugriff auf Unterobjekte gestattet ist. Diese Problematik soll beispielhaft anhand eines Leseaufrufs diskutiert werden. Der Lesezugriff auf ein Unterobjekt ist gleichzusetzen mit dem Zugriff auf die entsprechende Referenz im übergeordneten Objekt. Ob dies zulässig ist, hängt davon ab, ob das Attribut einem Client-Objekt zugänglich ist, sei es, weil das Attribut exportiert oder weil es als Ergebnis einer exportierten Funktion geliefert wird. Da Unterobjekte selbst Unterobjekte besitzen können, ist das Zugriffsrecht nicht allein anhand der Klassendefinition entscheidbar, sondern hängt auch von der Umgebung ab, in welcher der Typ verwendet wird. Dieser Sachverhalt wird anhand des in Abbildung 7 dargestellten Beispiels näher erläutert.

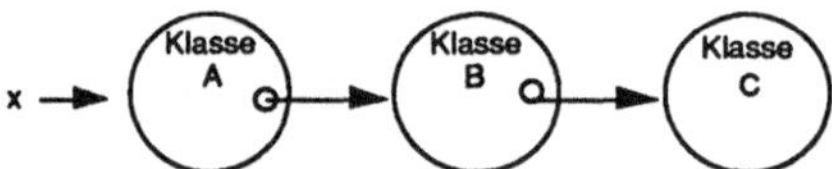

Abb. 7:   Probleme beim Zugriff auf ein Objekt

Allein anhand der Spezifikation der Klasse B kann in diesem Beispiel nicht entschieden werden, ob über die Referenz x auf die Ausprägung der Klasse C zugegriffen werden darf. Es kann nämlich sein, daß der Typ A das Attribut vom Typ B weder exportiert noch eine Funktion bereitstellt, die als Ergebnis dieses Attribut liefert. Wenn ein Client von A auf die Ausprägung der Klasse B nicht zugreifen darf, dann natürlich erst recht nicht auf Attribute von B, auch wenn diese an A exportiert werden. Andererseits kann es aber sein, daß in der Klasse A eine exportierte Funktion definiert ist, welche als Ergebnis eine Referenz auf das Objekt vom Typ C liefert. Das würde den Zugriff auf die Ausprägung der Klasse C ermöglichen.

Die dargestellten Überlegungen haben folgende Konsequenz: Sollen z. B. alle Objekte vom Typ C aus der Datenbank gelesen werden, so müßte für jede Ausprägung einzeln überprüft werden, ob der Zugriff in der bestehenden Umgebung erlaubt ist oder nicht. D. h. es müßten rekursiv alle Client-Objekte ermittelt werden, bis die Wurzel des komplexen Objektes erreicht ist. Anschließend müßte ausgehend von der Wurzel nach einer Möglichkeit gesucht werden, auf das Objekt vom Typ C zuzugreifen. Wie schon angedeutet, genügt es dabei nicht, nur Attributpfade zu berücksichtigen, denn die gewünschte Referenz kann auch das Ergebnis einer Funktion sein. Dabei ist es durchaus denkbar, daß eine Funktion Parameter hat und als Ergebnis die gewünschte Referenz nur dann liefert, wenn der Parameter einen bestimmten Wert besitzt (z. B. ein Paßwort).

Das Beispiel zeigt, daß es sinnvoll ist, nur den Zugriff auf die Wurzel eines komplexen Objektes zuzulassen (im Beispiel: x), nicht aber auf Teile davon, also nicht auf Unterobjekte. Soll dennoch nur auf ein Unterobjekt zugegriffen werden, dann ist das komplette Objekt zu selektieren und im Hauptspeicher die Referenz auf das Unterobjekt zu ermitteln. Dieser Zugriff muß im EIFFEL-Quelltext als Anweisung formuliert werden. Da anhand des Datenbankinhaltes entscheidbar sein muß, ob eine Ausprägung Wurzel-oder Unterobjekt ist, muß jedes Wurzelobjekt mit einer Kennzeichnung versehen werden. Dies geschieht in einem zusätzlichen Attribut der Relation.

7. Identifikation persistenter EIFFEL-Objekte

Um persistente EIFFEL-Objekte von einem EIFFEL-Programm aus lesen oder ändern zu können, muß man in der Lage sein, sie geeignet identifizieren zu können. Die Identifikation muß deskriptiv sein, d.h. ein EIFFEL-Objekt wird auf Grund seiner internen Wertausprägungen ausgewählt.

Für die Identifikation persistenter Objekte sind prinzipiell zwei Konzepte denkbar:

- Identifikation durch Musterobjekt
- Identifikation durch booleschen Ausdruck

7.1 Identifikation durch Musterobjekt

In einer objektorientierten Programmierumgebung ist es naheliegend, das Suchmuster als ein Objekt zu formulieren. In der Abbildung 8 wird ein Beispiel für diesen Ansatz gezeigt.

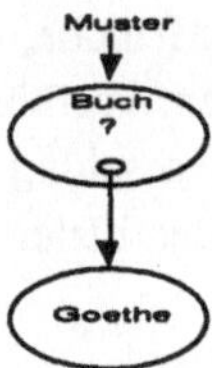

Abb. 8:   Suchmuster mit unbestimmten Attribut von elementaren Typ

Mit Hilfe des Suchmusters werden alle Ausprägungen der Klasse Buch ausgewählt, bei denen der angegebene Goethe eingetragen ist. Ein Musterobjekt wird im Hauptspeicher erzeugt und dort mit geeigneten Werten initialisiert. Für Attribute, die nicht zur Identifikation herangezogen werden, werden 'undefinierte ' Werte angegeben, um zu verdeutlichen, daß das betrachtete Attribut nicht für Identifikation in Frage kommt.

Die Angabe 'undefinierter' Wert für beliebige Typen (elementar bzw. zusammengesetzt) bereitet Schwierigkeiten. Man muß für jeden Typ ein ausgezeichnetes Objekt bereitstellen, dessen Aufgabe nur darin besteht, bei Suchanfragen die Rolle des Platzhalters einzunehmen. Für einfache Typen bieten sich dafür die größten darstellbaren Werte an. Bei zusammengesetzten Typen muß vom Programmierer speziell ein Objekt definiert werden, das nur als 'undefiniert' für diesen Typ verwendet werden darf. Diese Vorgehensweise hat Konsequenzen auf alle bereits definierten Klassen, da für jede dieser Klassen nachträglich ein 'undefiniertes' Objekt als ausgezeichnete Ausprägung definiert werden muß. Dies bedeutet, daß alle existierenden Klassen geändert werden müssen, was einen nicht zu rechtfertigenden Aufwand darstellt. Ein Ausweg besteht darin, <u>ein</u> Objekt einzuführen, auf das Objekte beliebigen Typs referenzieren dürfen. Dieses Objekt ist demnach Ausprägung einer Klasse, die Erbe sämtlicher Klassen ist.

Auch diese Lösung bereitet Schwierigkeiten, da bei jeder Definition einer neuen Klasse die ausgezeichnete Klasse um die entsprechende `inherit`-Klausel zu erweitern ist[1].

Wegen der gerade geschilderten Gründe sind Musterobjekte für die Identifikation von persistenten Objekten nicht geeignet.

7.2 Identifikation durch booleschen Ausdruck

Boolesche Ausdrücke stellen eine weitere Möglichkeit zur Identifikation von persistenten Objekten dar. In Anlehnung an SQL [Dat 87] werden Suchkriterien aufgebaut, die aus beliebigen Verknüpfungen von Attributen der Relationen bestehen, die der Suchanfrage zugrundeliegen.

Eine ähnliche Vorgehensweise ist auch für Objekte denkbar. Es dürfen aber nicht alle Attribute zur Identifizierung herangezogen werden. EIFFEL kennt eine Unterscheidung zwischen *exportierten* und *nicht exportierten* Attributen. Auf letztere hat ein Client-Objekt keinen Zugriff. Aus diesem Grund ist es nicht sinnvoll, ein solches Attribut als Suchkriterium für ein Datenbank-Objekt zuzulassen.

Aus der Sicht von Client-Objekten ist in EIFFEL ein exportiertes Attribut nicht von einer exportierten, parameterfreien Funktion zu unterscheiden. Funktionswerte werden zwar nicht in der Datenbank gespeichert, da sie sich aus den gespeicherten Attributwerten berechnen lassen, sie können aber der Charakterisierung eines Objektes dienen.

Boolesche Ausdrücke sind eine geeignete Methode, um persistente Objekte identifizieren zu können. Erlaubt sind dabei, wie die obigen Ausführungen zeigen, alle Ausdrücke, die der EIFFEL-Syntax entsprechen. Der Sprachvorschlag des folgenden Abschnittes basiert auf booleschen Ausdrücken als Grundlage zur Identifizierung von persistenten Objekten.

8. Sprachvorschlag für die Erweiterung der objektorientierten Programmiersprache EIFFEL um persistente Konzepte

In den vorangegangenen Abschnitten wurden die unterschiedlichen Problemfelder bei der Erweiterung einer Programmiersprache um persistente Konzepte ausführlich diskutiert. Zusammenfassend kann man folgende Aussagen treffen:

- Es gibt eine unterschiedliche Interpretation des Identitätsbegriffes bei Programmiersprachen und relationalen Datenbanksystemen. Damit dieser Unterschied für den Benutzer nicht sichtbar wird, sind interne Erweiterungen sowohl in der Datenbank (zusätzliche Attribute) als auch im EIFFEL-System (Erweiterung der Klasse HERE) notwendig.

- Der nachfolgende Sprachvorschlag basiert auf einer Kopiersemantik, d.h. der Benutzer steuert explizit den Transfer zwischen Hauptspeicher und Datenbank.

- Beim Zugriff auf persistente EIFFEL-Objekte ist zu beachten, daß Datenbankobjekte in gleicher Weise zu behandeln sind wie Hauptspeicherobjekte, wobei persistente Objekte als atomare Einheiten behandelt werden. Der Zugriff auf Unterobjekte wird nicht

---

[1] Auch die Verwendung von Void löst die skizzierte Problematik nicht. Die Bedeutung von Void besteht gerade darin, daß auf <u>kein</u> Objekt referenziert wird. Somit ist Void eine wohlbestimmte Referenz.

zugelassen. Dies darf nur über entsprechende Dereferenzierung nach dem Transport in den Hauptspeicher geschehen.

- Persistente EIFFEL-Objekte werden über boolesche Ausdrücke identifiziert. Die Identifikation mit Hilfe von Musterobjekten scheitert am Nicht-Vorhandensein geeigneter "undefinierter" Werte bei zusammengesetzten Objekten.

Im folgenden werden die Auswirkungen der Entwurfsentscheidungen auf die wichtigsten DML (Data Manipulation Language)-Operationen kurz dargestellt.

8.1 Speichern eines komplexen Objektes

Um den Zustand eines Hauptspeicher-Objektes persistent zu machen, wird er in die Datenbank kopiert. Beziehungen zu anderen Ausprägungen bleiben dabei unberücksichtigt. In der Wurzel des Hauptspeicher-Objektes wird der künstliche Schlüssel des zugeordneten Datenbank-Objektes eingetragen. Dies ermöglicht eine eindeutige Adressierung in der Datenbank.

Den Speichervorgang kann man sich somit als ein *deep_copy* vom Hauptspeicher in die Datenbank vorstellen, wobei die Referenz auf das erzeugte Datenbank-Objekt im Hauptspeicher durch den Schlüssel dargestellt wird.

8.2 Lesen aus der Datenbank

Beim Lesen eines komplexen Datenbank-Objektes wird dieses vollständig in den Hauptspeicher kopiert. Auf diese Weise kann ein Objekt immer nur als komplette Einheit gelesen werden. Beziehungen zwischen verschiedenen komplexen Objekten bleiben unberücksichtigt. Das Wurzelobjekt der Kopie im Hauptspeicher enthält den Schlüssel des entsprechenden Datenbank-Tupels. Dadurch wird eine eindeutige Zuordnung hergestellt.

Die Schwierigkeit besteht nun darin, das zu lesende bzw. die zu lesenden Objekte in der Datenbank zu finden. Ihre Identifizierung geschieht durch Angabe eines Suchkriteriums in Form eines booleschen Ausdrucks. Dieser muß nicht eindeutig sein, das heißt, er kann auf mehrere Datenbank-Objekte passen. Daher kann das Ergebnis einer Leseanfrage eine ganze Menge von Objekten umfassen.

Um dem aufrufenden Programm die Ergebnismenge zugänglich zu machen, wird eine Vorgehensweise verwendet, die an das Cursor-Konzept von SQL angelehnt ist. Für jede Leseanforderung ist vom Anwender ein Cursor zu definieren. Beim Aktivieren des Cursors wird die Ergebnismenge erzeugt. Die darin enthaltenen Objekte können einzeln verarbeitet werden. Das Schließen des Cursors bewirkt die Freigabe der Objektmenge.

8.3 Ändern und Löschen von Datenbank-Objekten

Bei der Spezifikation der Änderungsoperationen wird die Notwendigkeit, ein Datenbank-Objekt so zu behandeln wie ein Hauptspeicher-Objekt, besonders deutlich. Im Hauptspeicher kann eine Änderung oder Löschung nur durch Ausführen von Prozeduren erfolgen. Dabei ist die Erhaltung der Klasseninvariante sichergestellt. Dies muß auch für Datenbank-Objekte gelten.

Um ein Objekt ändern zu können, muß es in der Datenbank zuerst identifiziert werden. Das geschieht durch Angabe eines Suchmusters in Form eines booleschen Ausdrucks. Alle Objekte, auf die das Suchmuster paßt, werden geändert.Das eigentliche Ändern eines Datenbank-Objekts entspricht dem Ändern des Objektinhalts, also z.B. eines Attributwertes.

8.4 Realisierung der DML-Operationen als Transaktionen

Die persistente Erweiterung von EIFFEL soll auf Basis eines relationalen Datenbanksystems vollzogen werden, das über eine in C eingebettete SQL-Schnittstelle verfügt. Dabei ist klar, daß ein komplexes Objekt in der Regel nicht auf ein einziges Tupel einer Relation abgebildet werden kann. Im allgemeinen sind dafür mehrere Tupel, evtl. sogar verschiedener Relationen, notwendig. Daher ist das Speichern, Ändern oder Lesen eines komplexen Objektes nicht mit einer einzigen SQL-Anweisung möglich, sondern es bedarf einer Folge derartiger Befehle. Um die Konsistenzeigenschaft der Datenbank zu erhalten, muß gewährleistet sein, daß eine solche Folge von SQL-Anweisungen entweder vollständig oder überhaupt nicht ausgeführt wird. Bei der Änderung eines komplexen Objektes darf während der Ausführung der entsprechenden Aktionsfolge keine andere Transaktion auf das betreffende Objekt zugreifen. Tritt während der Ausführung ein Fehler auf, so ist der ursprüngliche Zustand wieder herzustellen. Zur Lösung dieses Problems steht das klassische Transaktionskonzept zur Verfügung, dessen wesentliche Merkmale in [LS 87] ausführlich beschrieben sind.

9. QLE – eine Abfragesprache für EIFFEL

In diesem Abschnitt wird QLE (Query-Language for EIFFEL) überblicksartig vorgestellt. Dabei werden die einzelnen Operationen nach Verwendungszweck geordnet eingeführt. Nach [Wed 81] muß eine vollständige DML-Sprache Unterstützung für die folgenden Bereiche bieten:

- Datenanfrage
- Datenmanipulation
- Datendefinition
- Datenkontrolle (Datenschutz, Integritätssicherung)
- Einbettung in eine Wirtssprache

QLE unterstützt Möglichkeiten der Datenanfrage, der Datenmanipulation und ist ausschließlich für die Einbettung in eine Wirtsprache vorgesehen. Da sich die Struktur der Relationen aus der Klassenbeschreibung ableiten läßt, stellt QLE keine Möglichkeiten zum Erzeugen und Modifizieren von Relationen zur Verfügung.

Operationen zur Vergabe von Zugriffsrechten werden nicht benötigt, da der Zugriff auf Attribute bzw. Unterobjekte eines komplexen Objektes durch die Klassenbeschreibung zu regeln ist. Dies könnte z. B. in der Weise geschehen, daß der Inhalt von zu schützenden Attributen nur nach Eingabe eines Paßwortes gelesen werden kann.

Die Anweisungen der EIFFEL-Erweiterung lassen sich in drei Bereiche einteilen:

- Verwaltung der Datenbank
- Datenanfrage und Datenmanipulation
- Transaktionsverwaltung

Um den Umfang dieses Beitrags nicht zu sprengen wird auf die Darstellung der Anweisungen für die Verwaltung der Datenbank sowie für die Transaktionsverwaltung verzichtet.

9.1 Datenmanipulation

Dieser Gruppe von Befehlen umfaßt das

- Speichern eines komplexen Objektes,

- Lesen aus der Datenbank und
- Ändern eines gespeicherten Objektes.

Lediglich zum Lesen aus der Datenbank sind mehrere einzelne Anweisungen notwendig. Die Ursache liegt darin, daß für die Identifizierung der gesuchten Objekte ein Suchmuster verwendet wird. Dieses muß nicht eindeutig sein, d. h. es kann auf mehrere komplexe Objekte zutreffen. Daher muß der Anwender zum Lesen aus der Datenbank einen Cursor deklarieren. Mit seiner Hilfe ist es möglich, sämtliche auf das angegebene Suchmuster passende Objekte nacheinander aus der Datenbank zu holen. Das Lesen von Objekten muß innerhalb einer Transaktion geschehen.

Im folgenden sind die zur Datenmanipulation benötigten Befehle zusammengefaßt:

SAVE   speichert ein komplexes Objekt.

DECLARE   deklariert einen Cursor zum Lesen von Objekten.

OPEN   öffnet den Cursor und wertet den in der Deklaration benutzten booleschen Ausdruck aus. Solange der Cursor geöffnet ist, haben Änderungen der im booleschen Ausdruck verwendeten Variablen keinen Einfluß auf die Ergebnismenge.

RETRIEVE   liest das nächste auf das Suchmuster passende komplexe Objekt aus der Datenbank. Falls es keines gibt, enthält die Fehlerstruktur den Code "NOT FOUND".

CLOSE   schließt den Cursor. Die Ergebnismenge ist nun nicht mehr verfügbar. Die einzige auf den Cursor anwendbare Anweisung ist OPEN.

CHANGE   verändert ein oder mehrere komplexe Datenbank-Objekte durch Anwenden von Prozeduren. Hierzu zählt auch die Prozedur Forget, die das Löschen eines Objektes bewirkt.

9.2 Einbettung von QLE-Anweisungen in EIFFEL-Routinen

Für die Einbettung der QLE-Anweisungen wurde die bewährte Präcompiler-Technik ausgewählt.

Eine QLE-Anweisung kann mit folgender Syntax in ein EIFFEL-Programm eingebettet werden:

```
$$   qle_statement;
```

Die Zeile beginnt mit einem "$$" gefolgt von einem Schlüsselwort der Anweisung.

Innerhalb einer solchen Anweisung können Objektreferenzen einer EIFFEL-Klasse verwendet werden. Diese sind mit dem Präfix "$" zu kennzeichnen. Sei beispielsweise object ein in der EIFFEL-Klasse definierter Bezeichner beliebigen Typs. Um das durch object referenzierte komplexe Objekt zu speichern, ist die Anweisung

```
$$   SAVE $object;
```

erforderlich.

Beispiele:

```
$$   CHANGE counter_obj
        FROM COUNTER_1
        WHERE counter_obj.iszero = false
        DO (counter_obj.decrement);
```

Diese Anweisung erniedrigt den Zählerstand sämtlicher Objekte vom Typ COUNTER_1, deren Zählerstand ungleich Null ist.

```
$$    CHANGE Buch_1
           FROM BUCH
           USING Buch_2
               FROM BUCH
               WITH 202
           WHERE Buch_1.Autor.Equal(Buch_2.Autor)
           DO (Buch_1.set_Autor(Buch_2.Autor));
```

Dieses Beispiel zeigt, wie inhaltlich gleiche Objekte verschmolzen werden können. Von der Änderung sind alle Objekte vom Typ BUCH betroffen, die den gleichen Autor wie das Buch mit dem Schlüssel 202 besitzen. Alle diese Objekte vom Typ BUCH referenzieren anschließend das gleiche AUTOR-Objekt.

Literatur:

[AB 87]   Atkinson, M.P., Buneman, O.P.: Types and Persistence in Database Programming Languages, in: ACM Computing Surveys, Vol. 19, No. 2, S. 105 - 190, 1987

[Dat 87]   Date, C.J.: A Guide to the SQL Standard, Addison Wesley, Reading, Massachusetts, 1987

[DGL 86]   Dittrich, K.R., Gotthard, W., Lockemann, P.C.: DAMOKLES - A Database System for Software Engineering Environments, in: Proceedings of the IFIP Workshop on Advanced Programming Environments, Trontheim, LNCS 244, Springer, 1986, S. 353 - 371

[EIF 90]   Manual zum EIFFEL-System, Version 2.3, bestehend aus den Bänden "EIFFEL:The Environment", "EIFFEL: The Language" und "EIFFEL: The Libraries", Interactive Software Engineering Inc. Oktober 1990

[Gut 77]   Guttag, J.V.: Abstract Data Types and the Development of Data Structures, CACM, Vol. 20, No. 6, 1977, S. 396 - 404

[LS 87]   Lockemann, P.C.; Schmidt, J.W. (Hrsg.): Datenbankhandbuch, Springer-Verlag, Berlin, 1987

[Mey 88]   Meyer, B.: Object-oriented Software Construction, Prentice Hall, New York, 1988

[Wed 81]   Wedekind, H.: Datenbanksysteme I, Bibliographisches Institut, Mannheim, 1981

Ein Konzept der Modul - und Typvererbung

Ruth Breu

Technische Universität München
Institut für Informatik

Postfach 202420
D-W-8000 München 2

breu@informatik.tu-muenchen.de

Michael Breu

Siemens-Nixdorf
European Methodology
and Systems Center

Otto-Hahn-Ring 6
D-W-8000 München 83

Zusammenfassung: Mit den Begriffen der Modul- und Typvererbung wird in dieser Arbeit ein erweitertes Vererbungskonzept für objektorientierte Sprachen mit Typisierung vorgestellt. Grundlage der Typvererbung ist die Spezialisierung von Objektmengen, Modulvererbung unterstützt die Erweiterung von Diensten einer Klasse. Anhand der Sprache Eiffel wird gezeigt, daß dieser Strukturierungsmechanismus in objektorientierten Sprachen mit Typisierung implementiert werden kann und die Typsicherheit der Sprache gewährleistet.

Abstract: This paper presents an extended inheritance mechanism for typed object-oriented languages proposing the notions of module and type inheritance. Type inheritance specializes sets of objects while module inheritance is a pure extension of services of some class. With the language Eiffel it is demonstrated that this concept of inheritance can be implemented in typed object-oriented languages in a type-safe way.

1 Einleitung

Neben dem Begriff des *Objekts* und der Aggregation von Objekten gleicher Struktur zu *Klassen* zählt der Begriff der *Vererbung* zu den Grundkonzepten objektorientierter Programmierung. Der Vererbungsmechanismus hat sich in Programmiersprachen ohne Typisierung wie z.B. Smalltalk als ein äußerst flexibles Instrument erwiesen, das die Modifikation, Wiederverwendung und Erweiterung von existierendem Code unterstützt. Die naive Übertragung des Vererbungsoperators in eine typisierte Umgebung stößt jedoch auf Grenzen. In vielen, methodisch relevanten Fällen der Vererbung von Klassen ist der zur Übersetzungszeit bestimmbare Typ von Attributen und Routinenparametern der Erbenklasse nicht adäquat.

Um diese Einschränkungen zu überwinden, sind in Sprachen mit Typisierung zusätzliche Konzepte notwendig. In der Sprache Eiffel, die in dieser Arbeit Ausgangspunkt sein soll, sind dies die Neudefinition von Typen (*type redefinition* in [Meyer 88]) und die Deklaration durch Assoziation (*declaration by association*). In [Cook 89] wurde jedoch gezeigt, daß diese Mechanismen zur Typunsicherheit der Sprache führen. Typunsicherheit bedeutet, daß syntaktisch korrekte Programme Laufzeitfehler aufweisen, die auf unkorrekte Typbestimmung zurückzuführen sind, d.h. die korrekte Typisierung eines Programms kann nicht zur Übersetzungszeit festgestellt werden.

In den letzten Jahren wurde deshalb in einigen Ansätzen gefordert, differenzierte Mechanismen der Vererbung in Sprachen mit Typisierung zur Verfügung zu stellen, z.B. in [Canning et al. 89], [Cook et al. 90] und [Goguen 90]. Unsere Arbeit folgt dieser Differenzierung und stellt ein Konzept der *Modul-* und *Typvererbung* vor. Ansatzpunkt hierfür ist die Verschmelzung des Modul- und Typbegriffs in objektorientierten Sprachen ([Meyer 88]).

Eine Klasse ist ein Modul, d.h. eine Einheit, die Daten und Operationen einkapselt und zugleich ein Typ, da sie eine Menge von Objekten beschreibt. Die Mechanismen der Modul- und Typvererbung basieren nun auf je einem dieser Aspekte. Beiden gemein ist die Erweiterung von Ahnen um neue Dienste, also um Attribute oder Routinen. Verschieden ist jedoch die Art der Vererbung der Bestandteile der Ahnenklasse. Typvererbung entspricht dem konventionellen Begriff der Vererbung in Sprachen wie Eiffel. Wesentlich ist hier das Konzept des *(Subtyp-) Polymorphismus*. Jedes Objekt eines (Typ-) Erben ist zugleich Objekt des (Typ-) Ahnen und kann deshalb in Kontexten benutzt werden, in denen Objekte des Ahnen erwartet werden.

Ebenso wie Typ-Erben beschreiben Modul-Erben erweiterte Versionen ihrer Ahnenklasse. An die Stelle des Subtyp-Polymorphismus tritt jedoch ein Mechanismus, der die Typen von Attributen und Routinenparametern des Modul-Ahnen verfeinert. Damit läßt sich insbesondere die rekursive Struktur von Objekten des Modul-Ahnen in eine adäquat getypte rekursive Struktur von Objekten des Modul-Erben überführen. Dieses in der Praxis relevante Problem kann durch die Typvererbung nicht beschrieben werden ([Canning et al. 89]).

Diese Arbeit entstand aus den Erfahrungen der Autoren mit abstrakten Datentypen und algebraischen Spezifikationen. In [Breu 91] wird ein detaillierter Vergleich von Techniken objektorientierter Programmierung und algebraischer Spezifikationen angestellt, die ja in der Sprache Simula eine gemeinsame Wurzel besitzen. Insbesondere werden dort die in dieser Arbeit informell vorgestellten Konzepte durch ein formales Modell fundiert. Die Modulvererbung besitzt im algebraischen Ansatz ihre Entsprechung in algebraischen Implementierungsrelationen (z.B. [Ehrig et al. 82]), die Korrektheitsbeziehungen zwischen algebraischen Spezifikationen beschreiben.

Der Aufbau dieser Arbeit ist wie folgt. In Kapitel 2 werden anhand von Beispielen der Modul- und Typaspekt von Klassen und die Konzepte der Typ- und Modulvererbung vorgestellt. In Kapitel 3 wird gezeigt, daß die vorgeschlagenen Vererbungsmechanismen eine Erweiterung von existierenden objektorientierten Sprachen mit Typisierung darstellen. Insbesondere wird ein Präprozessor nach Eiffel skizziert. Die vorgestellte Sprache stützt sich auf eine Teilsprache von Eiffel ab, deren Typsicherheit statisch, d.h. zur Übersetzungszeit, überprüft werden kann.

2 Modul- und Typvererbung

Im folgenden wird vom Leser vorausgesetzt, daß er mit Grundkonzepten objektorientierter Programmierung und der Sprache Eiffel vertraut ist, z.B. mit Begriffen wie Klasse, Objekt, Attribut, Routine und verzögerter Implementierung von Routinen. Die Beispielklassen sind in der Sprache Eiffel gegeben.

2.1 Module und Typen

Als Ausgangspunkt soll an einem ersten Beispiel auf den Modul- und Typaspekt von Klassen
eingegangen werden. Die Klasse *SEQ* beschreibt Sequenzen ganzer Zahlen, implementiert durch
Zeigerlisten. Die Klasse enthält zwei Attribute (*first* und *rest*) und Routinen zum Anfügen eines
Elements, zum Zusammenfügen zweier Listen und einen Test auf die leere Sequenz.

```
class SEQ
export first, rest, append, conc, is_empty
feature
  first: INTEGER;
  rest: SEQ;
  is_empty: BOOLEAN is do if rest.Void then Result:= true else Result:= false end end;
  append (x: INTEGER) is do if is_empty   then first:= x; rest.Create
                                          else rest.append(x) end end;
  conc (s: SEQ) is do if is_empty   then first:= s.first; rest:= s.rest
                                    else rest.conc(s) end end;
end -- class SEQ
```

Der Typaspekt dieser Klasse besagt nun, daß die Klasse *SEQ* eine Menge von Daten gleicher
Struktur beschreibt, nämlich die Menge ihrer Objekte. Jedes dieser Objekte besteht aus einer
eindeutigen Identität und einem sich ändernden Zustand, der durch die Belegung der Attribute
bestimmt ist.

Andererseits ist die Klasse *SEQ* jedoch auch ein Modul. Es besteht aus einer Menge von Daten (die
Objekte der Klasse) zusammen mit einer Familie von Operationen, auf die von anderen Modulen
(Klassen) aus zugegriffen werden kann. Wir beschreiben die Schnittstelle der Klasse *SEQ* durch
die folgenden Signaturen:

$$first: SEQ \rightarrow INTEGER,$$
$$rest: SEQ \rightarrow SEQ,$$
$$is\_empty: SEQ \rightarrow BOOLEAN,$$
$$append: SEQ \times INTEGER \rightarrow SEQ,$$
$$conc: SEQ \times SEQ \rightarrow SEQ$$

Damit wird ein lesender Zugriff auf die Attribute *first* und *rest* eingeschlossen. Der erste Parameter
SEQ der obigen Signaturen beschreibt jeweils den Typ des aktiven Objekts. Prozeduren verändern
den Zustand des aktiven Objekts. Dies wird durch die Signatur der Prozeduren *append* und *conc*
modelliert. [1]

2.2 Typvererbung

Grundlage der Typvererbung ist die Spezialisierung von Objektmengen. Dem Typaspekt einer
Klasse folgend, werden Typ-Erben mit Teilmengen der Objekte ihres Typ-Ahnen assoziiert. Damit
werden klassische *is-a* Relationen beschrieben. Als Beispiel soll die Beschreibung eines kleinen

---

[1] Um Probleme der Typisierung von Objekten zu diskutieren, genügt es, Objekte als Werte und Routinen als
Funktionen über Mengen von Objekten zu betrachten. Im folgenden wird deshalb auf die Modellierung von
Objektzuständen, Objektidentitäten und Seiteneffekten von Funktionen verzichtet.

Systems von Graphikelementen dienen, in dem Kreise und Linien als Spezialisierungen eines allgemeinen Typs von Graphikelementen aufgefaßt werden.

Die Klasse *GRAPHIC_ELEMENT* beschreibt die Operationen, die auf allen Graphikelementen ausführbar sind, nämlich die Abfrage nach den Grenzen eines Elements (*bottom_left_boundary, top_right_boundary*) und Prozeduren zum Verschieben eines Elements (*move, align_left*). Außer der Prozedur *align_left* sind alle Routinen verschoben, d.h. ohne Implementierung. Die Klasse *GRAPHIC_ELEMENT* ist Klient einer Klasse *COORDINATE*, die kartesische Koordinaten durch Paare ganzer Zahlen implementiert.

```
class COORDINATE
export x, y, set_x, set_y
feature
    x, y: INTEGER;
    set_x (n: INTEGER) is do x:= n end;
    set_y (n: INTEGER) is do y:= n end;
end -- class COORDINATE

deferred class GRAPHIC_ELEMENT
export bottom_left_boundary, top_right_boundary, move, align_left
feature
    bottom_left_boundary: COORDINATE is deferred end;
    top_right_boundary: COORDINATE is deferred end;
    move (a, b: INTEGER) is deferred end;
    align_left (g: GRAPHIC_ELEMENT) is  -- richte aktives Objekt und g nach linkem Rand aus
        do move(g.bottom_left_boundary.x - bottom_left_boundary.x, 0) end;
end -- class GRAPHIC_ELEMENT
```

Sowohl Kreise als auch Linien werden nun als Typ-Erben der Klasse *GRAPHIC_ELEMENT* mit Hilfe des Eiffel-Operators **inherit** beschrieben. Damit ist jedes Objekt der Klassen *CIRCLE* bzw. *LINE* zugleich ein Objekt der Ahnenklasse *GRAPHIC_ELEMENT*. Als Folge besitzen Objekte von Typ-Erben alle Attribute und Routinen ihres Typ-Ahnen und können benutzt werden, wann immer ein Objekt ihres Typ-Ahnen erwartet wird. Zusätzlich fügen die Klassen *CIRCLE* und *LINE* Attribute ein, die den Radius und Mittelpunkt eines Kreises bzw. den Start- und Endpunkt einer Linie beschreiben, und vervollständigen die Implementierungen der geerbten Routinen.

```
class CIRCLE
export bottom_left_boundary, top_right_boundary, move, align_left, centre, radius
inherit GRAPHIC_ELEMENT
feature
    centre: COORDINATE;
    radius: INTEGER;
    bottom_left_boundary: COORDINATE is do
            Result.Create; Result.set_x(centre.x - radius); Result.set_y(centre.y - radius) end;
    top_right_boundary: COORDINATE is do
            Result.Create; Result.set_x(centre.x + radius); Result.set_y(centre.y + radius) end;
    move (a, b: INTEGER) is do centre.set_x(centre.x + a); centre.set_y(centre.y + b) end;
end -- class CIRCLE
```

```
    class LINE
    export bottom_left_boundary, top_right_boundary, move, align_left, start, end
    inherit GRAPHIC_ELEMENT
    feature
        start, end: COORDINATE;
        bottom_left_boundary: COORDINATE is do Result.Create;
            if start.x < end.x then Result.set_x(start.x) else Result.set_x(end.x) end;
            if start.y < end.y then Result.set_y(start.y) else Result.set_y(end.y) end end;
        top_right_boundary: COORDINATE is do .. analog end;
        move (a, b: INTEGER) is do start.set_x(start.x + a); start.set_y(start.y + b);
            end.set_x(end.x + a); end.set_y(end.y + b) end;
    end -- class LINE
```

Aufgrund des Subtyp-Polymorphismus ist z.B. die Zuweisung $G := C$, wobei C vom Typ $CIRCLE$ und G vom Typ $GRAPHIC\_ELEMENT$ ist, syntaktisch korrekt.

Betrachten wir nun die Signaturen der Routinen in diesem System von Klassen. Zunächst sind die Typen $GRAPHIC\_ELEMENT$, $CIRCLE$ und $LINE$ durch folgende Relation verbunden (vgl. dazu auch Bild 1):

$$GRAPHIC\_ELEMENT = CIRCLE \cup LINE \qquad (*)$$

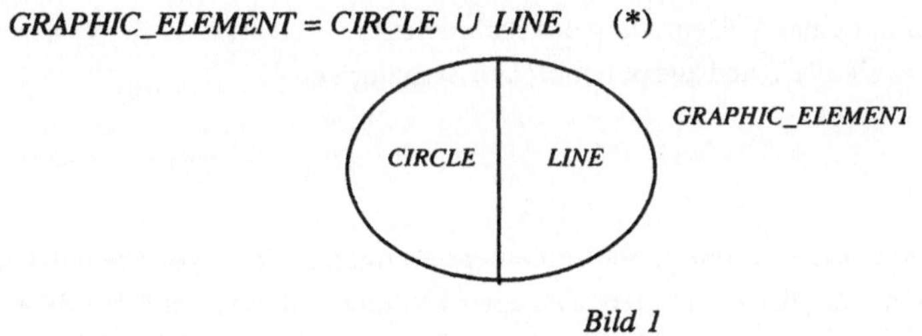

Bild 1

Man beachte, daß diese Beziehung sich dynamisch verändert, wenn weitere Typ-Erben von $GRAPHIC\_ELEMENT$ eingeführt werden (z.B. Klassen, die Polygone oder Punkte beschreiben). Ähnlich wie in Abschnitt 2.1 können nun die Signaturen der Routinen und Attribute in diesen drei Klassen beschrieben werden, z.B.

$$align\_left: GRAPHIC\_ELEMENT \times GRAPHIC\_ELEMENT \rightarrow GRAPHIC\_ELEMENT,$$
$$centre: CIRCLE \rightarrow COORDINATE,$$
$$start, end: LINE \rightarrow COORDINATE.$$

Semantisch entspricht jedes der obigen Attribute und Routinen einer Funktion, die durch die Belegung der Attribute eines Objekts des gegebenen Typs (bei *centre, start, end*) bzw. durch die Ausführung der zugehörigen Implementierung (bei *align_left*) bestimmt ist.

Die Signatur der Operationen *bottom_left_boundary*, *top_right_boundary* und *move* wird in *polymorpher* Form beschrieben. Wir assoziieren z.B. die Operation *move* mit der Typinformation

$$move: GRAPHIC\_ELEMENT \times INTEGER \times INTEGER \rightarrow GRAPHIC\_ELEMENT,$$
$$move: CIRCLE \times INTEGER \times INTEGER \rightarrow CIRCLE,$$
$$move: LINE \times INTEGER \times INTEGER \rightarrow LINE.$$

Die beiden letzteren Signaturen sind durch die Implementierung der Routine in den Typ-Erben $CIRCLE$ und $LINE$ bestimmt. Sie geben eine detailliertere Typinformation als die erste Signatur, die durch die Deklaration der verschobenen Routine *move* in der Klasse *GRAPHIC_ELEMENT* induziert wird. Semantisch gesehen entspricht die Routine *move* einer Funktion auf Objekten des Typs *GRAPHIC_ELEMENT*. Aufgrund der Gleichung (*) ist sie durch Fallunterscheidung bezüglich des ersten Parameters und den Implementierungen in den Klassen *CIRCLE* und *LINE* vollständig determiniert. Diese Eigenschaft wird oft auch als *dynamische Bindung* bezeichnet. In ähnlicher Weise sind die Funktionen *bottom_left_boundary* und *top_right_boundary* bestimmt.

Verschobene Routinen können also durch Implementierungen in Typ-Erben vollständig determiniert werden. Dies ist allerdings nicht mehr der Fall, wenn

- Attribut- und Parametertypen in Typ-Erben verfeinert werden, oder

- Namen von geerbten Routinen umbenannt werden.

Während letzteres Problem leicht durch die Rückumbenennnung von Routinen lösbar ist (vgl. [Meyer 88, S. 260]), führt die Verfeinerung von Attribut- und Routinenparametern zur Typunsicherheit der Sprache.

Dies ist folgendermaßen einzusehen. Nehmen wir eine Klasse *C* an mit einer verschobenen Routine *m (x: C)* **is deferred end**. Diese Routine *m* werde in zwei Typ-Erben *C1* und *C2* von *C* implementiert, zusammen mit einer Verfeinerung des Parameters *x: C* zu *m (x: C1)* bzw. *m (x: C2)*. Dies führt zur Relation $C = C1 \cup C2$ und zur polymorphen Signatur von *m*

$$m: C \times C \to C,$$
$$m: C1 \times C1 \to C1,$$
$$m: C2 \times C2 \to C2.$$

Wieder ist die Funktion $m: C \times C \to C$ durch die Implementierungen in den Typ-Erben definiert. Allerdings führt die Verfeinerung des Parameters *x* zu einer Undeterminiertheit auf den Bereichen $C1 \times C2$ und $C2 \times C1$. Undeterminiertheit heißt hier aber das Auftreten von Laufzeitfehlern beim Aufruf mit Objekten der entsprechenden Typen. Diese Typen können aufgrund des Subtyp-Polymorphismus im allgemeinen nur zur Laufzeit bestimmt werden, was die Typunsicherheit zur Folge hat. Zwar können syntaktische Kriterien formuliert werden, die eine statische Typbestimmung erlauben ([Meyer 89]), die Partialität einer umdefinierten Routine wird hierdurch jedoch nicht beseitigt.

In vielen Fällen der Erweiterung und Modifikation von Klassen ist allerdings die Verfeinerung der Typen von Attributen und Routinenparametern notwendig, um die Flexibilität des Vererbungsmechanismus in ungetypten Sprachen zu erhalten. Dies soll im nächsten Abschnitt diskutiert werden.

2.3 Modulvererbung

Als Beispiel wollen wir die Klasse *SEQ* aus Abschnitt 2.1 um eine Routine *length* erweitert, die die Länge einer Sequenz berechnet. Die Benutzung des Operators **inherit** verursacht hier (statische) Probleme der Typisierung.

```
class SEQ_1
export first, rest, append, conc, is_empty, length
inherit SEQ
```

feature
    length: INTEGER **is do if** *is_empty* **then** *Result:= 0* **else** *Result:=* $\boxed{rest.length}$ *+ 1* **end end**;
end -- *class SEQ_1*

Der Aufruf *rest.length* ist syntaktisch nicht korrekt, da das Attribut *rest* vom Typ *SEQ* ist, die Routine *length* jedoch nur auf Objekten des Typs *SEQ_1* aufrufbar ist.

In diesem Abschnitt soll ein Vererbungsoperator **extend** vorgestellt werden, der die Erweiterung von Klassen um neue Attribute und Routinen erlaubt und dabei die Verfeinerung von Attribut- und Parametertypen unterstützt.

Dazu noch einmal zurück zum Typaspekt der Klasse *SEQ*. Wie in Abschnitt 2.1 ausgeführt wurde, beschreibt diese Klasse den Typ der Sequenzen ganzer Zahlen. Anders als im Beispiel der Graphikelemente wollen wir mit der Klasse *SEQ_1* intuitiv nun nicht eine Teilmenge dieser Sequenzen beschreiben, sondern die Schnittstelle *aller* Objekte dieses Typs um die Routine *length* erweitern. Die Klasse *SEQ_1* stellt also eine Erweiterung des Moduls *SEQ* dar. Die Klasse *SEQ_2* unten benutzt den Operator **extend**, der diese Modulerweiterung beschreibt.

    class *SEQ_2*
    export *first, rest, append, conc, is_empty, length*
    extend *SEQ*
    feature
        length: INTEGER **is do if** *is_empty* **then** *Result:= 0* **else** *Result:= rest.length + 1* **end end**;
    end -- *class SEQ_2*

Die Klasse *SEQ_2* beschreibt damit die Menge aller Sequenzen über ganzen Zahlen mit einer um die Routine *length* erweiterten Schnittstelle. Der Operator **extend** bindet alle Attribute, Routinen und Implementierungen der Ahnenklasse *SEQ* in die Klasse *SEQ_2* ein und schließt dabei eine Verfeinerung des Typs *SEQ* in den Typ *SEQ_2* für alle Attribute, Routinenparameter und lokalen Variablen des Modul-Ahnen mit ein. Insbesondere besitzen Objekte des Typs *SEQ_2* das Attribut *rest: SEQ_2*. Damit wird also die (rekursive) Struktur von Objekten des Typs *SEQ* in eine adäquate (rekursive) Struktur von Objekten des Modul-Erben *SEQ_2* transformiert und die Implementierung der Routine *length* ist syntaktisch korrekt.

Dieser Mechanismus der Typverfeinerung ersetzt den Subtyp-Polymorphismus der Typvererbung. Ein Objekt des Modul-Erben *SEQ_2* ist nun nicht mehr zugleich Objekt des Modul-Ahnen *SEQ*, d.h. Zuweisungen *S:= S2* für Objekte *S: SEQ* bzw. *S2: SEQ_2* sind syntaktisch nicht korrekt.

Betrachten wir wieder die Signaturen der Attribute und Routinen in diesem System von Klassen. Die Klassen *SEQ, SEQ_2* beschreiben zwei Typen, die nicht durch eine Teilmengenrelation verbunden sind (vgl. Bild 2).

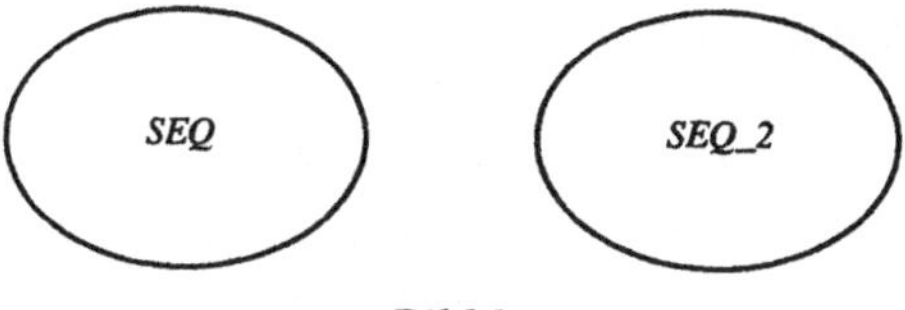

Bild 2

Wir assoziieren das Attribut *rest* mit den Signaturen

$$rest: SEQ \rightarrow SEQ,$$
$$rest: SEQ\_2 \rightarrow SEQ\_2$$

und die Routine *conc* mit den Signaturen

$$conc: SEQ \times SEQ \rightarrow SEQ,$$
$$conc: SEQ\_2 \times SEQ\_2 \rightarrow SEQ\_2.$$

Da die Typen *SEQ* und *SEQ_2* nicht durch eine Teilmengenrelation verbunden sind, beschreiben wir z.B. die Semantik der Routine *conc* durch *zwei* Funktionen, die durch die Implementierung in der Klasse *SEQ* bestimmt sind. Insbesondere ist die Klasse *SEQ_2* äquivalent in der folgenden (flachen) Form beschreibbar.

```
class SEQ_2
export first, rest, append, conc, is_empty, length
feature
    first: INTEGER;
    rest: SEQ_2;
    is_empty: BOOLEAN is do if rest.Void then Result:= true else Result:= false end end;
    append (x: INTEGER) is do if is_empty    then first:= x; rest.Create
                                        else rest.append(x) end end;
    conc (s: SEQ_2) is do if is_empty    then first:= s.first; rest:= s.rest
                                        else rest.conc(s) end end;
    length: INTEGER is do if is_empty then Result:= 0 else Result:= rest.length + 1 end end;
end -- class SEQ_2
```

Die Bedeutung des Operators **extend** basiert also auf dem syntaktischen Einkopieren und Umbenennen der Teile der Ahnenklassen. Dies ist auch die Grundlage der Transformation nach Eiffel, die in Abschnitt 3 skizziert wird. Man beachte, daß im Gegensatz dazu der Operator **inherit** nicht durch syntaktisches Einkopieren eliminiert werden kann. In diesem Fall ginge nämlich die Teilmengen-Beziehung der Typen, die Basis für den Subtyp-Polymorphismus ist, verloren.

Als zusätzliche Optionen bietet der Modulvererbungsoperator **extend** die Umbenennung von Routinen und die Verfeinerung von Servern an.

Wie im Beispiel der Klasse *SEQ_2* gezeigt wurde, beinhaltet der Mechanismus der Modulvererbung die Verfeinerung des Ahnen-Typs (*SEQ*) in den Erben-Typ (*SEQ_2*). Eine ähnliche Verfeinerung kann auch für die Typen von *Servern* durchgeführt werden. Eine Klasse ist dabei Server einer anderen (des *Klienten*), wenn sie als Typ eines Attributs, eines Routinenparameters oder einer lokalen Variablen auftritt. Als Beispiel nehmen wir eine Klasse *CLIENT* an, die Klient von *SEQ* in der folgenden Form ist:

```
class CLIENT
... feature    S: SEQ;
                m (x: SEQ) is ... end;
end -- class CLIENT
```

In einem Erben *CLIENT_1* von *CLIENT* soll nun auf die erweiterte Schnittstelle der Sequenzenimplementierung zugegriffen werden, d.h. der Server *SEQ* von *CLIENT* wird zu *SEQ_2* verfeinert. Zusätzlich wird in *CLIENT_1* die Routine *m* in *m'* umbenannt.

```
class CLIENT_1
... extend CLIENT     refine SEQ into SEQ_2
                      rename m as m'
... end -- class CLIENT_1
```

Diese Klasse ist äquivalent in der folgenden flachen Form beschreibbar:

```
class CLIENT_1
... feature    S: SEQ_2;
               m' (x: SEQ_2) is ... end;
end -- class CLIENT_1
```

Klienten können als Bausteine betrachtet werden, die aus anderen Bausteinen (ihren Servern) aufgebaut sind. Der oben gezeigte Verfeinerungsmechanismus dient dem Austausch von einzelnen Bausteinen durch Modul-Erben (vgl. dazu Bild 3). Die Modulvererbungsrelation garantiert dabei den Erhalt der Schnittstelle (in umbenannter Form) und die Konsistenz dieses Austauschs von primitiven Bestandteilen. Die vorgestellte Spracherweiterung unterstützt somit Prinzipien objektorientierter Entwicklungsmethodik, wie sie z.B. in [Meyer 88] vorgestellt werden. Insbesondere ist die Modulvererbung ein Mechanismus zur Unterstützung strukturierter Top-Down-Entwicklung von komplexen Systemen und zur Erweiterung und Modifikation von existierendem Code.

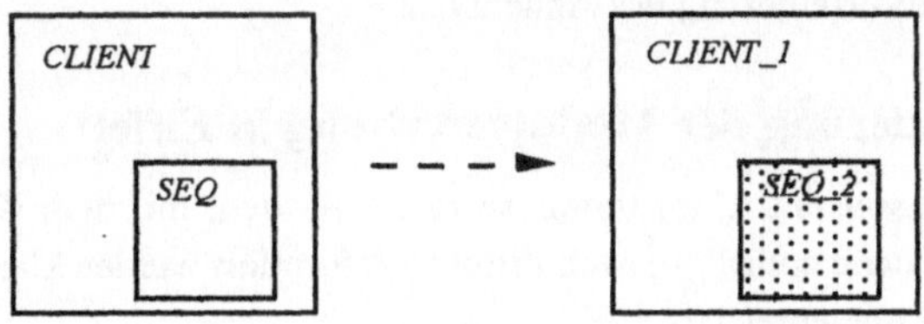

Bild 3

Wie in [Meyer 88, Kapitel 19] ausgeführt wird, besteht ein enger Zusammenhang zwischen Vererbung und der Beschreibung generischer Klassen. Dort wird bemerkt, daß generische Klassen durch (Typ-) Vererbung zwar beschreibbar sind, daß dies jedoch durch die Schwerfälligkeit der Aufschreibung in der Praxis nicht relevant ist. Diese Probleme der Aufschreibung, die durch nicht adäquate Typisierung hervorgerufen werden, können durch das Konzept der Modulvererbung gelöst werden, wie das folgende Beispiel zeigt.

Wir abstrahieren die Klasse *SEQ* vom Typ der Sequenzelemente und modellieren die Klasse *SEQ_3* als Klient der leeren Klasse *ENTITY*.

```
class ENTITY
end -- class ENTITY
class SEQ_3
export first, rest, append, conc, is_empty
feature
    first: ENTITY;
    rest: SEQ_3;
    is_empty: BOOLEAN is do ... wie in SEQ end;
    append (x: ENTITY) is do ... wie in SEQ end;
    conc (s: SEQ_3) is do ... wie in SEQ end;
end -- class SEQ_3
```

Eine Instantiierung von Sequenzen mit Elementen einer gegebenen Klasse C kann dann wie folgt beschrieben werden.

```
class SEQ_C
export first, rest, append, conc, is_empty
extend SEQ refine ENTITY into C
end -- class SEQ_3
```

Vorausgesetzt wird hier, daß C ein Modul-Erbe von *ENTITY* ist. Analog kann auch bedingte Parametrisierung modelliert werden (indem die Klasse *ENTITY* z.B. gewisse Routinen enthält). Das Parametrisierungskonzept von Eiffel ist damit durch Modulvererbung ausdrückbar. Die enge Beziehung zwischen Modulvererbung und Parametrisierung spiegelt sich auch im formalen Modell der Sprache wieder. In [Breu 91] dient ein semantischer Parametrisierungsmechanismus zur Formalisierung der Modulvererbung.

Ähnlich zu generischen Klassen kann auch das Konzept der Typ-Attribute in [Cook 89] durch Modulvererbung beschrieben werden. Typ-Attribute stellen insoweit eine wesentliche Einschränkung der Modulvererbung dar, als sie zwar die Verfeinerung von Typen von Attributen und Routinenparametern in Erben unterstützen, jedoch nicht die Anpassung der rekursiven Struktur einer Klasse, d.h. die Verfeinerung des Ahnentyps.

3 Die Implementierung der Modulvererbung in Eiffel

In diesem Abschnitt soll ein Algorithmus skizziert werden, mit dem Klassen, die den Modulvererbungsoperator **extend** enthalten, nach Eiffel transformiert werden können. Dieser Algorithmus wird zur Zeit in Eiffel implementiert.

Der Algorithmus erzeugt nicht in jedem Fall korrekten Eiffel-Code. Die Korrektheit ist jedoch statisch überprüfbar. Ein Kriterium hierfür wird im zweiten Teil dieses Abschnitts vorgestellt.

3.1 Die Eliminierung des Operators *extend*

Es sei eine Klasse C gegeben der Form

```
class C
export   ...
extend   C_1 Δ_1; ...; C_n Δ_n
inherit  ...
feature  ...
rescue   ...
invariant ...
end -- class C
```

Die Klassen $C_1, ..., C_n$ sind die Modul-Ahnen von C. Multiple Modulvererbung wird also unterstützt. Die Teile Δ_i beschreiben die Verfeinerung von Servern und die Umbenennung und Neudefinition von Routinen; jedes Δ_i sei von der Form

refine ..., A **into** A', ...   **rename** ..., m **as** m', ...   **redefine** ..., f, ...

Kontextbedingung ist, daß alle Paare A, A' durch die Modulvererbungsrelation verbunden sind und A ein Server von C_i ist. Wir bezeichnen dies mit $A \overset{\beta}{\leadsto} A'$, wobei A der Modul-Ahne, A' der

Modul-Erbe und β die Umbenennung ist, durch die A in A' eingebunden ist. Diese Relation $\rightsquigarrow$ wird weiter unten definiert. Außerdem seien ..., m, ..., f, ... Routinen in C_i.

Im folgenden wird die Eliminierung eines Ahnen $D \in \{C_1, ..., C_n\}$ skizziert, d.h. $D\,\Delta =_{def} C_i\,\Delta_i$ für ein $i \in \{1, ..., n\}$.

Modulvererbung basiert auf der Erweiterung und auf dem Umbenennen der Bestandteile des Modul-Ahnen. Die Umbenennung von Typen und Routinennamen des Ahnen D sei hier mit α bezeichnet. Falls in Δ der Verfeinerungsteil (gekennzeichnet durch das Schlüsselwort **refine**) leer ist, ergibt sich α zu

$$\alpha =_{def} \{D \rightarrow C, ..., m \rightarrow m', ...\}.$$

Insbesondere wird also der Ahnen-Typ D in den Erben-Typ C umbenannt. Im anderen Fall enthält α die Umbenennungen β der Server A im Verfeinerungsteil. Dann ist α bestimmt durch

$$\alpha =_{def} \{D \rightarrow C, ..., m \rightarrow m', ...\} \cup ... \cup \beta \cup ...$$

Hier bezeichnet $\cup$ die Vereinigung der einzelnen Umbenennungen. Diese ist undefiniert, falls die Umbenennungen inkonsistent sind, d.h. α keine Funktion auf Symbolen darstellt.

Im folgenden nehmen wir an, daß α definiert ist und D bereits in eine Eiffel-Klasse transformiert wurde. Dann ist C nach der Eliminierung von $D\,\Delta$ von der Form

```
class C
export    ... wie vorher
extend    C_1 Δ_1; ...; C_i-1 Δ_i-1; C_i+1 Δ_i+1; ...; C_n Δ_n
inherit   ... wie vorher;
          ... α(U) ...   -- umbenannte Typ-Ahnen U von D
feature   ... wie vorher;
          ... α(m) ...   -- umbenannte Attribute und Routinen m von D, wobei m nicht im
                            feature-Teil von C und nicht im redefine-Teil von Δ enthalten ist
rescue    ... wie vorher;
          α(comp)     -- umbenannter rescue-Teil comp von D
invariant ... wie vorher;
          α(I)        -- umbenannte Invariante I von D
end -- class C
```

Bei den Umbenennungen von Typ-Ahnen, Attributen, Routinen, der Ausnahmebehandlung und der Invariante werden alle auftretenden Typen und Routinennamen umbenannt (also z.B. auch Typen lokaler Variablen und Routinenaufrufe in Routinenkörpern). Zu beachten ist, daß Routinen und Attribute des Ahnen D, die im Erben C neu definiert werden, nicht einkopiert werden.

Zu definieren bleibt die Relation der Modulvererbung $\rightsquigarrow$. Diese Relation wird nicht nur durch die syntaktische Struktur der Klassen induziert, sondern auch durch gewisse Abschlußeigenschaften (wie z.B. der Transitivität). Ganz allgemein wollen wir die folgenden Beziehungen zwischen Klassen beschreiben:

$$C \longrightarrow D \qquad \text{gdw.} \qquad C \text{ Server von } D \text{ ist (bzw. } D \text{ Klient von } C \text{ ist),}$$

$$D \overset{\alpha}{\rightsquigarrow} C \qquad \text{gdw.} \qquad D \text{ Modul-Ahne von } C \text{ über die Umbenennung } \alpha \text{ ist,}$$

$$C \ll D \qquad \text{gdw.} \qquad D \text{ Typ-Ahne von } C \text{ ist.}$$

Diese Relationen werden induktiv wie folgt definiert.

> *(i)*   *Relationen, die aus der syntaktischen Struktur der Klassen ableitbar sind*
>
> > $C \longrightarrow D,$ falls D eine Deklaration der Form $x: C$ enthält, und zwar kann $x: C$ sein
> > - ein Attribut,
> > - formaler Parameter einer Routine
> > - lokale Variable einer Routine
> >
> > oder falls D eine Routine mit Resultattyp C enthält (vgl. [Meyer 88, S. 73, 84]).
> >
> > $D \overset{\alpha}{\leadsto} C,$ falls C von der Form ist **class** C ... **extend** ... D ... **end** und α wie im obigen Algorithmus definiert ist.
> >
> > $C \ll D,$ falls C von der Form ist **class** C ... **inherit** ... D ... **end**.
>
> *(ii)*   *Eine Menge von vorgegebenen Relationen*
>
> > z.B. $ENTITY \overset{\alpha}{\leadsto} C$ für alle Klassen C und der leeren Klasse $ENTITY$ aus Abschnitt 2.3, wobei α die Umbenennung $\{ENTITY \rightarrow C\}$ ist. Die leere Klasse $ENTITY$ kann also als Modul-Ahne jeder Klasse C verstanden werden (ohne daß C eine explizite Deklaration dieser Beziehung enthält).
>
> *(iii)*   *Abschlußeigenschaften*
>
> > – *Transitivität:*   Falls $A \overset{\alpha}{\leadsto} B$ und $B \overset{\beta}{\leadsto} C$, dann $A \overset{\beta\circ\alpha}{\leadsto} C$, wobei $\beta\circ\alpha$ die Hintereinanderausführung der Umbenennungen α und β bezeichnet. Falls $A \ll B$ und $B \ll C$, dann $A \ll C$.
> >
> > – Falls $C \ll D$, dann auch $D \dashrightarrow C$, d.h. jeder Typ-Ahne ist auch Server des Typ-Erben.
> >
> > – Falls $A \longrightarrow D$, $D \overset{\alpha}{\leadsto} C$, α ist die Identität auf den Symbolen in A, dann $A \longrightarrow C$, d.h. jeder Server eines Modul-Ahnen ist (unter der Bedingung an α) auch Server des Modul-Erben.
> >
> > – Falls $D \ll A$, $D \overset{\alpha}{\leadsto} C$, α ist die Identität auf den Symbolen in A, dann $C \ll A$, d.h. falls D ein Typ-Erbe von A ist und D ein Modul-Ahne von C, dann ist auch C ein Typ-Erbe von A.

Die Eliminierung des Operators **extend** erzeugt nicht immer wohlgetypten Eiffel-Code. Probleme treten bei der Verfeinerung von *mehrfachen* Servern auf, wie das folgende Beispiel zeigt. Gegeben seien dazu Klassen B, BE, C, D und CE der Struktur von Bild 4.

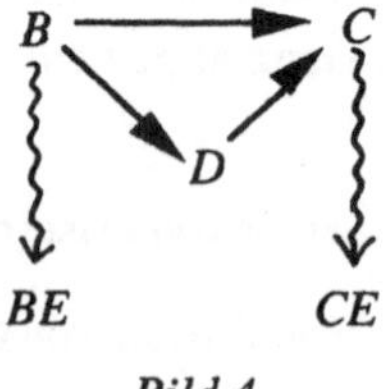

Bild 4

Die Klassen seien von der folgenden Form:

```
class B ... end -- class B
class BE ... extend B ... end -- class BE
class D ... feature X: B ... end -- class D
class C ... feature  Y: D;  Z: B;   m is do Z:= Y.X end;   end -- class C
class CE ... extend C refine B into BE ... end -- class CE
```

Die Klasse B ist hier mehrfacher Server von C, nämlich direkt über das Attribut $Z: B$ und indirekt über das Attribut $Y: D$. Die Transformation von CE erzeugt mit der Umbenennung $\{C \rightarrow CE, B \rightarrow BE\}$ den nicht korrekt getypten Code

```
class CE ... feature  Y: D;  Z: BE;   m is do  Z:= Y.X  -- Y.X ist vom Typ B end;
end -- class CE
```

Diese Typunsicherheit kann jedoch statisch, d.h. zur Übersetzungszeit nach Eiffel, abgeprüft werden. Ein Kriterium hierfür wird im folgenden Abschnitt vorgestellt. Man beachte, daß die Beschreibung der obigen Klassen mit dem Typvererbungsmechanismus von Eiffel ebenfalls Probleme der Typisierung verursacht. Diese sind jedoch dynamischer Natur und können zur Übersetzungszeit nicht erkannt werden.

3.2 Ein Kriterium für die Sicherheit der Transformation

Die Eliminierung des Operators **extend** ist sicher, falls die Umbenennungen des Modul-Ahnen keinen Einfluß auf indirekte Server haben. Mit *indirekten* Servern bezeichnen wir dabei induktiv Server und Server von indirekten Servern. Wir formulieren das Kriterium der *konsistenten Modulvererbung* wie folgt.

Sei C ein Modul-Erbe von D über die Umbenennung α. C ist ein *konsistenter Modul-Erbe*, falls die folgende Bedingung erfüllt ist:

Für alle indirekten Server A von D gilt entweder

- α ist die Identität auf den Symbolen in A oder
- es gibt eine Klasse AE mit $A \xrightarrow{\beta} AE$, α und β sind gleich auf den Symbolen in A und $AE \longrightarrow C$.

Im letzteren Fall dieser Bedingung wird der Server A von D im Modul-Erben C verfeinert. Im obigen Beispiel ist die Klasse CE kein konsistenter Modul-Erbe von C, da $D \longrightarrow C$, aber $\alpha = \{C \rightarrow CE, B \rightarrow BE\}$ ist nicht die Identität auf D wegen $\alpha(B) = BE$, und das zweite Kriterium ist ebenfalls nicht erfüllt.

In [Breu 91] wird anhand eines formalen Modells gezeigt, daß die vorgestellte Sprache typsicher ist, falls folgende Einschränkungen beachtet werden:

- alle Modul-Erben sind konsistent,

- Typen von Attributen und Routinenparametern werden in Typ-Erben nicht verfeinert,

- Routinen werden in Typ-Erben nicht umbenannt und

- die Deklaration durch Assoziierung wird nicht angewandt.

Damit stützt sich das vorgestellte Strukturierungskonzept auf eine typsichere Teilsprache von Eiffel ab. Konstrukte, die in Eiffel Typunsicherheit verursachen, wie die Verfeinerung von Typen, werden durch den zusätzlichen Mechanismus der Modulvererbung unterstützt. Dadurch wird die volle Ausdrucksstärke der Sprache erhalten.

Das Kriterium der konsistenten Modulvererbung ist abhängig von der Tiefe der Klientenstruktur und ist deshalb vor allem von theoretischem Interesse. In praktischen Anwendungen tritt die Erzeugung von unkorrektem Eiffel-Code jedoch nur selten auf. Ein schwächeres Kriterium, das allein von den Routinenkörpern der Modul-Ahnen abhängt, wird zur Zeit untersucht.

4 Schlußbemerkungen

Ausgehend vom Typ- und Modulbegriff wurden in den vorangegangenen Kapiteln zwei Mechanismen der Vererbung vorgestellt. Das Konzept der Typvererbung erlaubt die Spezialisierung von Objektmengen, Modulvererbung unterstützt die Erweiterung der Schnittstelle einer Klasse. Beide Vererbungsbegriffe bieten einen Verfeinerungsmechanismus innerhalb der Sprache an, auf der Ebene von Objekten bei der Typvererbung (den Subtyp-Polymorphismus) und auf der Ebene von Klassen bei der Modulvererbung.

Es wurde gezeigt, daß die Typvererbung dem üblichen Vererbungsoperator in objektorientierten Sprachen mit Typisierung entspricht. Die Modulvererbung ist als Erweiterung zu verstehen, die in diesen Sprachen implementiert werden kann. Die Trennung dieser Vererbungskonzepte löst nicht nur Probleme der Typbestimmung in objektorientierten Sprachen, sondern sie hilft auch, komplizierte Vererbungsstrukturen in größeren Anwendungen überschaubar zu halten. Gerade bei multiplen Vererbungsbeziehungen bietet der Verzicht auf den Subtyp-Polymorphismus bei der Modulvererbung eine Alternative, die zur besseren Lesbarkeit von Klassen beiträgt. Die mögliche Eliminierung des Modulvererbungsoperators bietet hier eine weitere Unterstützung.

Die Modulvererbung ist damit ein *statischer* Mechanismus, der den Entwurf und die Wiederverwendung von Klassen unterstützt und Auswirkungen allein zur Übersetzungszeit hat. Im Gegensatz dazu ist die Typvererbung ein *dynamischer* Mechanismus zur Datenstrukturierung mit Auswirkungen auf das Laufzeitverhalten von Programmen.

Literatur

[Breu 91] R. Breu: *Algebraic Specification Techniques in Object Oriented Programming Environments*. Lecture Notes in Computer Science **562**, Springer, 1991

[Canning et al. 89] P.S. Canning, W.R. Cook, W.L. Hill, W.G. Olthoff: *Interfaces for Strongly-Typed Object-Oriented Programming*. In: Proc. OOPSLA 89. Sigplan Notices **24**:10, ACM Press, 457-467 (1989)

[Cook 89] W.R. Cook: *A Proposal for Making Eiffel Type-safe*. BCS Computer Journal **32**:4, 305-311 (1989)

[Cook et al. 90] W.R. Cook, W.L. Hill, P.S. Canning: *Inheritance is not Subtyping*. In: Proc. 17th Annual ACM Symposium on Principles of Programming Languages, 1990, 125-135

[Ehrig et al. 82] H. Ehrig, H.-J. Kreowski, B. Mahr, P. Padawitz: *Algebraic implementation of abstract data types*. Theoretical Computer Science **20**, 209-263 (1982)

[Goguen 90] J.A. Goguen: *Sheaf-theoretic semantics for concurrent object-oriented programming*. In: Handouts REX School/Workshop on Foundations of Object Oriented Languages, Niederlande, Mai/Juni 1990

[Meyer 88] B. Meyer: *Object-Oriented Software Construction*. Prentice-Hall, 1988

[Meyer 89] B. Meyer: *Static Typing for Eiffel*. Interactive Software Engineering, TR-EI-18/ST, 1989

Methoden und Werkzeuge für den konstruktiven Entwurf von Objektsystemen

Tibor Németh

PROMATIS Informatik GmbH & Co. KG

Heidenweg 16
D-W-7541 Straubenhardt bei Pforzheim

Zusammenfassung

Für die Entwicklung komplexer rechnerunterstützter Anwendungen werden methodische Konzepte und Beschreibungsmittel benötigt, die eine weitgehend implementationsunabhängige Betrachtung des relevanten Systems bzw. Realweltausschnitts erlauben. Diese Forderung bleibt auch bestehen, wenn für die Implementation objektorientierte Programmiersprachen bzw. -umgebungen eingesetzt werden. In diesem Beitrag wird ein konstruktiver Ansatz für den Entwurf von Objektklassensystemen vorgestellt. Dieser Ansatz basiert auf Ideen der konzeptuellen Modellierung mit Petri-Netzen.

Abstract

Developing complex computer aided applications requests methods and languages to view the relevant system and/or part of the real world without regarding implementation aspects. This demand still holds if the implementation will be realized with object-oriented programming languages and/or object-oriented programming environments. This article will intoduce a constuctive approach to design systems of object classes. This approach is based on the ideas of conceptual modelling with Petri Nets.

1   Einleitung

Bei der Entwicklung komplexer Anwendungen wie Systemen zur Steuerung technischer Prozesse oder Informationssystemen zur Überwachung und Steuerung administrativer betrieblicher Abläufe läßt sich vermehrt ein systematischer Einsatz adäquater Methoden und Vorgehensmodelle beobachten. In der Literatur werden, beginnend bei sogenannten Wasserfall-Modellen [Roy70]

---

‡ Diese Arbeit entstand während der Tätigkeit des Autors am *Institut für Angewandte Informatik und Formale Beschreibungsverfahren* der Universität Karlsruhe (TH), 7500 Karlsruhe

über Spiralmodelle [Boe88] bis zu speziellen Modellen für operationale Entwicklungsansätze[1] unterschiedliche Vorschläge für Lebenszyklen von Software-Produkten gemacht.

Im folgenden soll von einem bestimmten Vorgehensmodell weitgehend abstrahiert werden. Es soll nur angenommen werden, daß die Entwicklung von rechnerunterstützten Informations- und Steuerungssystemen unter anderen, die Phasen oder Tätigkeitsabschnitte *Anforderungsanalyse, Entwurf* und *Implementation* umfaßt, unabhängig davon, wie diese Phasen im Lebenszyklus eines Software-Produkts angeordnet sind oder wie oft sie jeweils zu durchlaufen sind. [2]

Objektorientierte Ansätze für die Lösung komplexer Aufgabenstellungen in der Systementwicklung werden verstärkt erst seit Mitte der achtziger Jahre diskutiert, gewinnen aber zunehmend an Bedeutung. Ausgangspunkt der Arbeiten in diesem Bereich waren die Entwicklungen bei objektorientierten Programmiersprachen. Objektorientierte Ansätze für die Analyse, die Spezifikation und den Entwurf von (Software-) Systemen bieten zunächst eine andere Sichtweise auf das betrachtete System als eher konventionelle funktions-, daten- oder datenfluß-orientierte Ansätze.[3]

Systeme lassen sich im allgemeinen durch die Menge ihrer möglichen Zustände und durch die Menge ihrer möglichen Zustandsübergänge beschreiben. Bei einer objektorientierten Betrachtung werden Systeme durch eine Menge von Objektklassen beschrieben. Jetzt müssen die globalen Systemzustände und Zustandsübergänge auf die lokalen Zustände und Zustandsübergänge der Objekte abgebildet werden, die durch die Objektklassen repräsentiert werden. Die Anforderungen, die an solche Objektklassen gestellt werden, machen einen konstruktiven Entwurfsansatz notwendig.

Im folgenden wird ein Ansatz vorgestellt, der bestehende Methoden und Werkzeuge der konzeptuellen Modellierung verwendet, um die Vorteile, die eine objektorientierte Systemsicht bietet, effizient nutzen zu können. INCOME[4] ist ein in die CASE*-Umgebung[5] integriertes Methoden- und Werkzeugpaket für die Analyse und Spezifikation verteilter bzw. eingebetteter Systeme. Die in dieser Umgebung realisierten Methoden zur konzeptuellen Modellierung erlauben die Beschreibung statischer und dynamischer Systemaspekte auf der Grundlage der formalen Konzepte der Petri-Netze. Die von INCOME angebotenen Methoden und Werkzeuge werden benutzt, um eine objektorientierte

---

[1] Zu alternativen Vorschlägen für Vorgehensmodelle siehe [Agr86].
[2] Für eine detaillierte Beschreibung der einzelnen Phasen siehe [Som89, ScN90].
[3] Eine solche Einteilung der primären Sichtweisen auf die betrachteten Systeme findet sich z. B. in [CoY90].
[4] Die grundlegenden Konzepte von INCOME wurden am Institut für Angewandte Informatik und Formale Beschreibungsverfahren entwickelt (siehe dazu z:B. [Lau87, NSM87, LNO89, SNS90]. Die weitere Entwicklung dieser Konzepte, die Integration in die CASE*-Umgebung und der Vertrieb des Methoden- und Werkzeugpakets INCOME erfolgen durch die PROMATIS Informatik, Straubenhardt bei Pforzheim.
[5] CASE* ist ein Produkt der ORACLE Corp., Belmont, USA.

Sicht auf das zu beschreibende System zu entwikkeln. Für den objektorientierten Entwurf lassen sich verschiedene Sprachen verwenden. Besonders interessant für den hier betrachteten Ansatz ist jedoch der Einsatz der Sprache und der zugehörigen Entwicklungsumgebung Eiffel. Mit Eiffel steht eine objektorientierte Sprache zur Verfügung, die sowohl für den Systementwurf als auch für die Implementierung geeignet ist. Der konstruktive Entwurf von Objektklassen wird durch Werkzeuge, die grafische Notationen verwenden, in effizienter Weise unterstützt. Die Integration der Methoden und Werkzeuge von INCOME, Eiffel und CASE* verlangt zudem eine entsprechend modifizierte Repository-Struktur des CASE*-Dictionaries[6].

2 Konzeptueller Entwurf von Objektsystemen

2.1 Objektorientierte Systemsicht

In der objektorientierten Sicht wird ein System als eine Menge von Objekten betrachtet. Objektklassen sind Schemata, die die Struktur und das Verhalten von Ausprägungen dieser Klassen – den Objekten – beschreiben. Als Objekte werden Einheiten bezeichnet, die lokal Zustände in ihren Strukturen repräsentieren und mögliche Übergänge zwischen diesen Zuständen, das heißt beobachtbares Verhalten realisieren. Zwischen den Objekten können Beziehungen bestehen, die beim Entwurf der Klassen festgelegt werden. Mögliche Beziehungen ergeben sich dadurch, daß Objekte Eigenschaften von anderen Objekten erben können, oder daß Objekte bestimmte Eigenschaften anderer Objekte benutzen. Wie die konkreten Objekte Eigenschaften erben bzw. vererben, wird in den Beschreibungen auf der Klassenebene bestimmt Eine weitere wichtige Beziehungsart, die bei der Entwicklung der Objektklassen zu berücksichtigen ist, ist die sogenannte Aggregation, bei der ein Objekt einer bestimmten Klasse aus mehreren untergeordneten Objekten anderer Klassen besteht.

2.2 Konzeptuelle Modellierung

Bei der Entwicklung von Informations- und Steuerungssystemen wird der konzeptuellen Modellierung eine zentrale Rolle zugewiesen (siehe dazu z.B. [BMS84, ISO82, ScS83]). Dies gilt insbesondere für solche Systeme, die unter Verwendung von Datenbanksystemen realisiert werden. Ein konzeptuelles Modell eines Systems ist eine erste formale Beschreibung des Systems und der für dieses System relevanten Umgebung. Diese erste formale Darstellung soll jedoch von Aspekten der tatsächlichen Realisierung abstrahieren. Solche Aspekte sollen erst bei Entwurfs- und Implementationsaktivitäten berücksichtigt werden. Ein konzeptuelles Modell beschreibt die relevanten Einheiten des Systems (und teilweise auch seiner Umgebung) sowie deren strukturelle Beziehungen untereinander. Außerdem wird das Verhalten dieser Einheiten und des Systems

---

[6] CASE*-Dictionary ist ein Produkt der ORACLE Corp., Belmont, USA.

als Gesamtheit dargestellt. Ein konzeptuelles Modell soll alle statischen und dynamischen Eigenschaften des betrachteten Realweltausschnitts vollständig erfassen (siehe [ISO82]). Es soll aber auch nur die konzeptuell relevanten Aspekte umfassen.

2.3 Entwurf von Objektsystemen

Ziel objektorientierter Entwicklungsansätze ist der Aufbau eines Systems von Objekten, das den relevanten Realweltausschnitt für Entwicklungsaufgaben adäquat wiedergibt. Unter einem System soll hier in Anlehnung an [Dae88] eine Zusammenfassung von miteinander in Beziehung stehenden Teilen verstanden werden. Die Gesamtheit der Teile bilden unter bestimmten anzugebenden Aspekten ein in sich abgeschlossenes Ganzes. Ergebnis einer objektorientierten Systementwicklung ist also eine Menge von Objekten, die in bestimmten Beziehungen zueinander stehen. In einem solchen Objektsystem muß der strukturelle Aufbau der Objekte und ihr jeweiliges Verhalten innerhalb des Systems beschrieben werden. Außerdem sind die Beziehungen zwischen den Objekten festzulegen.

Die Entwicklung eines solchen Objektsystems wird in der Literatur zum Teil als trivialer Prozeß angesehen. Exemplarisch ist das folgende Zitat aus [Mey88, Seite 51]: "... object-oriented design is a natural approach: the world being modeled is made of objects ... This is why object-oriented designers usually do not spend their time in academic discussions of methods to find objects: in the physical or abstract reality being modeled, the objects are just there for the picking"! Es hat sich jedoch gezeigt, daß dieses Vorgehen nur für eine sehr eingeschränkte Klasse von Anwendungen möglich ist. So findet sich in [CoY90] folgende Antwort auf obiges Zitat: "Nuts! ..., identifying Objects was never intuitively obvious."

Wenn sich die zur Beschreibung des Realweltausschnitts benötigten Objekte nicht unmittelbar aus Realweltobjekten ableiten lassen, müssen entsprechende zusätzliche Beschreibungsmittel und Verfahren eingesetzt werden. Zunächst sollte eine Beschreibung auf einer konzeptuellen Ebene beginnen, d.h. es wird eine erste formale Beschreibung entwickelt, die jedoch noch so weit wie möglich von Aspekten der späteren Implementation abstrahiert. Aufgabe dieser Beschreibung ist die Abstraktion von unwesentlichen Aspekten des betrachteten Realweltausschnitts. Im Zusammenhang mit einer objektorientierten Systementwicklung sollte diese konzeptuelle Beschreibung die Identifikation und den Entwurf der relevanten Objekte, deren Aufbau und Verhalten, sowie der zwischen den Objekten bestehenden Beziehungen unterstützen.

2.4 Modellierung statischer Eigenschaften

Für die Spezifikation statischer Eigenschaften auf einer konzeptuellen Ebene haben sich semantische Datenmodelle bewährt.[7] Besonders interessant in diesem Zusammenhang sind zwei Modelle. Das eine ist das semantisch-hierarchische Objektmodell (SHO), das relationale Konzepte mit vier wichtigen Beziehungen semantischer Netze kombiniert.[8] Das zweite Datenmodell ist das Entity-Relationship-Modell (ERM), das mit den unterschiedlichsten Erweiterungen heute das wohl am häufigsten eingesetzte konzeptuelle Datenmodell ist.[9] Auf eine ausführliche Darstellung dieser beiden Modelle soll hier verzichtet werden. Im folgenden wird nur kurz auf das weniger bekannte SHO eingegangen. Nähere Informationen zu den Modellen und den Unterschieden zwischen ihnen sind z.B. in [ScS83, ScN90] zu finden.

2.4.1 Das semantisch-hierarchische Objektmodell (SHO)

Strukturierungskonzepte

Als Abstraktionsmechanismen unterstützt das SHO die Klassifikation (instance-of relationship), die Generalisierung (is-a relationship), die Aggregation (part-of relationship) und die Gruppierung (association, member-of relationship). Im Gegensatz zu anderen Datenmodellen werden im SHO Attribute als Objekte behandelt, so daß kein Unterschied zwischen Attributen und Objekten gemacht wird. Mit Hilfe der *Klassifikation* können Einheiten der Realwelt zu Klassen von Objekten zusammengefaßt werden. Der Abstraktionsmechanismus der *Generalisierung* erlaubt die Zusammenfassung von Objektklassen als Subtypen unter einem generischen Supertyp. In Abbildung 1 ist die Objektklassen „Auftrag" die übergeordnete Klasse, unter der die Objektklassen „Inlandsauftrag" und „Exportauftrag" subsumiert werden. *Aggregation* wird eingesetzt, um Komponentenbeziehungen zu definieren. In Abbildung 1 sind der Aggregatklasse „Auftrag" die Komponentenklassen „A#", „Kunde" und „Auftragsrumpf" zugeordnet. Mit Hilfe der *Gruppierung* können Objektklassen definiert werden, deren Ausprägungen Mengen von Objekten anderer Objektklassen sind. In Abbildung 1 besteht ein Objekt der Mengenklasse „Auftragsrumpf" aus einer Menge von Objekten der Elementklasse „Auftragsposition".

Wertebereich

Der Wertebereich einer Objektklasse im Objektstrukturschema ist entweder elementar (INTEGER, REAL, STRING, ...), oder er ergibt sich aus den speziellen *Vererbungsregeln* der einzelnen Beziehungen, in denen die Objektklasse auftritt. Mit den in der grafischen Repräsentation des Modells dargestellten

---

[7] Für eine Übersicht über solche Datenmodelle siehe z.B. [HuK87]

[8] Grundlagen dieses Modells sind in [SmS77] und [BrR84] dargestellt.

[9] Die grundlegenden Konzepte dieses Modells sind in [Che76] beschrieben.

Pfeilen (siehe Abbildung 1) wird die Richtung der Wertebereichsvererbung angezeigt.

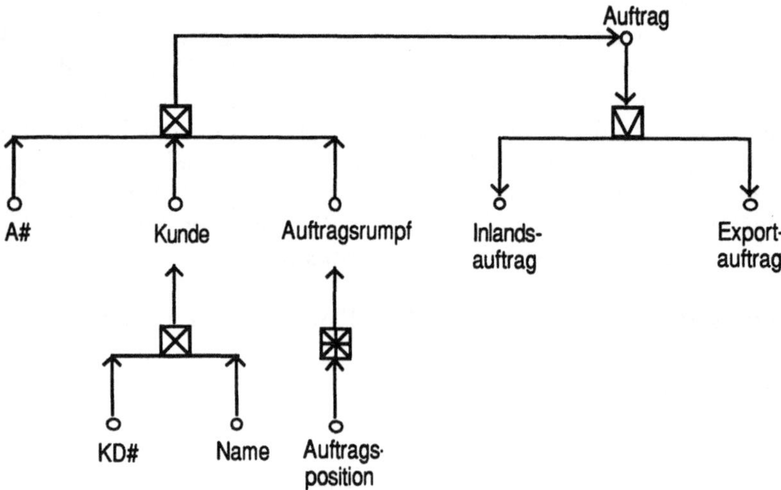

Abb. 1 Beispiel für die Beschreibung von Objektstrukturen

2.5 Modellierung von Verhaltensaspekten

2.5.1 Prädikat/Transitions-Netze

Dynamische Aspekte, die das Verhalten von Systemen bzw. Objekten betreffen, lassen sich in geeigneter Weise mit Hilfe von Petri-Netzen spezifizieren. Neben der Möglichkeit der graphischen Darstellung des beschriebenen Sachverhalts bieten Petri-Netze eine große Ausdrucksmächtigkeit und umfangreiche Möglichkeiten zur Qualitätssicherung. Neben Syntaxanalysen können spezielle formale Analysen durchgeführt werden, mit denen etwa isolierte Prozesse oder Verklemmungen erkannt werden können. Darüber hinaus sind Simulationen des zu entwickelnden Systems möglich, die ein ideales Mittel zur Visualisierung und Überprüfung komplexer dynamischer Zusammenhänge darstellen.[10] Für den hier vorgestellten Ansatz wird eine höhere Form der Petri-Netze – Prädikat/Transitions-Netze (Pr/T-Netze) – eingesetzt.[11] Dieser Petri-Netz-Typ stellt eine Erweiterung des sonst gebräuchlichen Typs der *Stelle/Transitions-Netze* (S/T-Netze) dar. In Pr/T-Netzen werden Stellen als Prädikate bezeichnet. Im Unterschied zu S/T-Netzen wird der Objektfluß zwischen Transitionen durch *identifizierbare* (bei S/T-Netzen anonyme) *Marken*

---

[10] Übersichten solcher Werkzeuge finden sich z.B. in [Fel90].

[11] Eine Einführung in die Konzepte der Pr/T-Netze findet sich in [Ric83, Ric84]. Zu den im INCOME Werzeug- und Methodenpaket eingesetzten Pr/T-Netzen siehe [SNS90, Sch90a].

repräsentiert, die durch Anwendung der *formalen Transitionsregel* (siehe nächsten Abschnitt) von Prädikat zu Prädikat wandern. Über eine *Beschriftung der Transitionen* kann die Zusammensetzung der von der jeweiligen Transition erzeugten Objekte aus den verbrauchten Objekten beschrieben werden. Außerdem ist es möglich, die *Schaltbedingung* der Transitionen in Abhängigkeit der konkreten Ausprägungen verbrauchter Objekte zu formulieren. Die Beziehung zwischen Objekten in den Prädikaten und deren Verwendung in den Transitionsbeschriftungen wird durch die den Pfeilen zugeordneten *Variablen* hergestellt. Abbildung 2 zeigt die Elemente eines Pr/T-Netzes und deren mögliche Semantik.

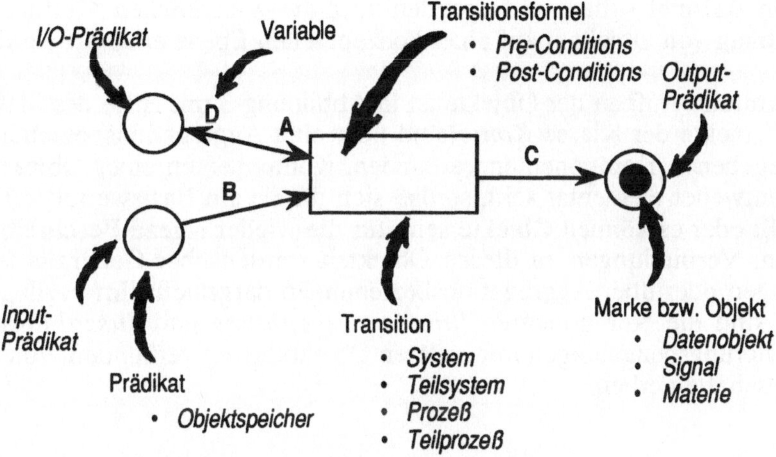

Abb. 2 Graphische Repräsentation von Pr/T-Netzen

Dynamik in Pr/T-Netzen

Dynamik wird in Pr/T-Netzen dargestellt durch die Einführung einer *Markierung*, d.h. einer Belegung der Prädikate durch Marken, und die Definition einer *formalen Transitionsregel*, die angibt, unter welchen Voraussetzungen zu einer Folgemarkierung übergegangen werden kann. Mit der formalen Transitionsregel für Pr/T-Netze ist es möglich, die *Aktivierungsbedingungen* (Pre-Conditions) und die *Schaltbedingungen* (Post-Conditions) von Transitionen dadurch darzustellen, daß jedes Input- bzw. I/O-Prädikat mit einer entsprechend der Kantenbeschriftung ausreichenden Anzahl von Objekten belegt ist und die *Kapazitätsgrenze* keines Output- bzw. I/O-Prädikats überschritten wird. Darüber hinaus können durch Beschriftung von Transitionen Aktivierungsbedingungen in Abhängigkeit vom Typ und der Ausprägung von Input-Variablen spezifiziert werden. Außerdem kann in den Schaltbedingungen angegeben werden, wie Objekte, die in die Output-Prädikate abgelegt werden, aus Objekten von Input-Variablen hervorgehen.

Als Erweiterung der Modellierungsmöglichkeiten von Pr/T-Netzen sind deklarative Beschreibungskonzepte für Ausnahmebedingungen vorgesehen. Ausnahmebedingungen, die sich auf einzelne Zustände oder auf Zustandsübergänge beziehen, können durch sogenannte Fakt-Transitionen bzw. durch ausgeschlossene Transitionen formuliert werden (siehe dazu [Obe90]). In Abbildung 4 ist als Beispiel einer Zustandsrestriktion die Ausnahmebedingung *unterschreiten Mindestkontostand* als Fakt-Transition modelliert. Über eine zusätzliche Transitionsinschrift wird der Zustand ausgeschlossen, daß durch eine Auszahlung der Mindestkontostand unterschritten wird.

2.6 Beipiel

An einem Beispiel sollen im folgenden kurz die wesentlichen Merkmale der Beschreibung von Objekten auf einer konzeptuellen Ebene erläutert werden.

Der strukturelle Aufbau der Objekte ist in Abbildung 3 mit Hilfe des SHO dargestellt. Objekte der Klasse *Konto* sind über eine Aggregationsbeziehung mit den angegebenen Komponenten verbunden. Komponenten einer Objektklasse können entweder elementar sein, so daß sich für sie ein Basiswertebereich angeben läßt oder es können Objekte sein, für die wieder eigene Beschreibungen existieren. Verbindungen zu diesen Objekten werden über Generalisierungsbeziehungen oder über Aggregationsbeziehungen dargestellt. Im vorliegenden Beispiel sind die Komponenten *Inhaber*, *Einzahlung* und *Auszahlung* über Generalisierungsbeziehungen mit anderen Objektklassen verbunden, von denen sie Eigenschaften erben.

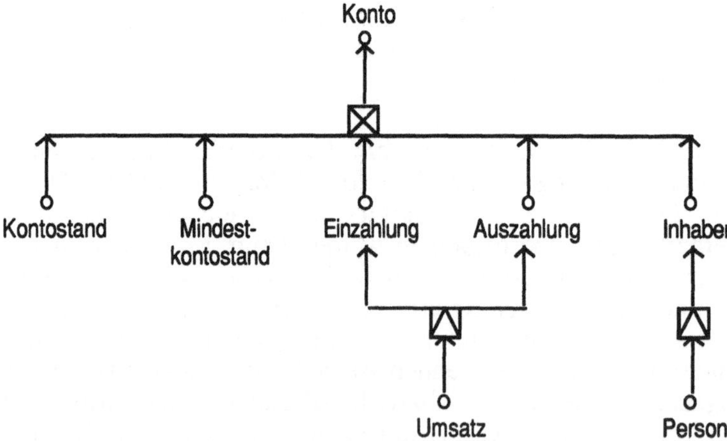

Abb. 3 Struktur der Objektklasse *Konto*

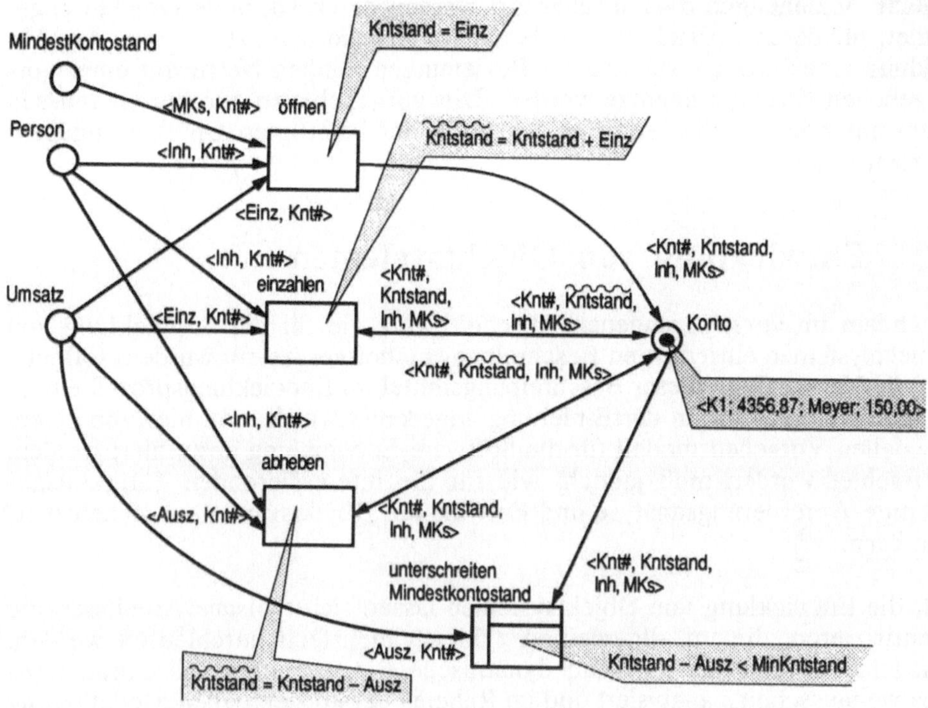

Abb. 4   Darstellung des Zustands eines Objekts der Klasse *Konto*

Der zweite Teil der Objektbeschreibung behandelt das Verhalten der Objekte. Abbildung 4 stellt die Beschreibung des Verhaltens der Objektklasse *Konto* dar. Dazu werden die oben angeführten Pr/T-Netze eingesetzt. Für Objekte der Klasse *Konto* sind drei mögliche Operationen vorgesehen. Eröffnen eines Kontos, Einzahlungen auf ein Konto vornehmen, Auszahlung vom Konto vornehmen. Jede dieser Operationen überführt ein Objekt der Klasse Konto in einen neuen Zustand, der sich durch eine geänderte Markierung der Prädikatstellen ausdrückt. Die drei Operationen können nur dann ausgeführt werden, wenn in den die Schnittstelle des Objekts bildenden Prädikatstellen *Person* und *Umsatz* und in der Prädikatstelle *Konto* solche Objekte vorliegen, daß eine der Transitionen aktiviert ist.

Für die Spezifikation von Objektsystemen genügt es jedoch nicht, nur die einzelnen Objektklassen zu beschreiben, auch die Beziehungen zwischen den Objekten müssen dargestellt werden. Im obigen Beispiel wurden schon Beziehungen statischer Art über Generalisierungen angeführt. Ebenso lassen sich auf der dynamischen Seite Beziehungen identifizieren. Dazu zählen etwa Aspekte, die sich aus Verwendungsbeziehungen von Objekten untereinander ergeben. So muß unter anderem berücksichtigt werden, ob bestimmte Aktionen synchron oder asynchron ablaufen können, ob bestimmte zeitliche Restriktionen absoluter oder relativer Art bestehen.

Solche Beziehungen dynamischer Art werden durch spezielle Objekte abgebildet, für deren Darstellung wiederum Pr/T-Netze benutzt werden. Zur Abbildung eines großen Teils dieser Beziehungen können Netze mit einer vorgegebenen Struktur benutzt werden. Die vorgegebenen Strukturen müssen dann nur noch an die jeweilige Semantik der beteiligten Objekte angepaßt werden.

3 Entwicklung von Objektsystemen

Nachdem im vorangegangenen Abschnitt kurz die für die Entwicklung von Objektsystemen einsetzbaren Beschreibungsmittel vorgestellt wurden, soll jetzt auf die Verwendung dieser Beschreibungsmittel im Entwicklungsprozeß eingegangen werden. Wie in der Einleitung angedeutet wurde, soll hier von einem speziellen Vorgehensmodell für die Software-Entwicklung abstrahiert werden. Betrachtet werden muß jedoch, wie für die interessierenden Tätigkeitsabschnitte Anforderungsanalyse und Entwurf ein Objektsystem entwickelt werden kann.

Für die Entwicklung von Objektsystemen lassen sich typische Arbeitsschritte identifizieren, die im allgemeinen zyklisch mehrfach durchlaufen werden. Zunächst werden statische und dynamische Eigenschaften des betrachteten Realweltausschnitts analysiert und im Rahmen der konzeptuellen Modellierung spezifiziert. Mit Hilfe formaler Analysen und der Simulation bzw. Prototyping des entstandenen Modells wird es einer Validierung unterzogen. Dabei wird das Modell auf Korrektheit hin überprüft. Zudem erhält man Hinweise auf noch nicht berücksichtigte Aspekte des soweit entwickelten Anforderungsmodells. Durch die Verwendung formaler Beschreibungsmittel zur Spezifikation dynamischer und statischer Anforderungen – Pr/T-Netze und semantische Datenmodelle – können die einzelnen Schritte effektiv durch Rechnereinsatz unterstützt werden.

Das Arbeiten mit dem Modell im Validierungsschritt ist auch die Grundlage für die Spezifikation des Objektsystems. Zur Entwicklung eines solchen Systems ist es zunächst einmal notwendig, die relevanten Objektklassen aus der Spezifikation der Systemanforderungen abzuleiten. Als nächstes muß der strukturelle Aufbau der Objektklassen und ihr Verhalten spezifiziert werden. Dabei kann sich der Entwickler einer Reihe rechnergestützter Werkzeuge bedienen. So lassen sich aus dem statischen Teil des konzeptuellen Modells Sichten mit unterschiedlichen tiefen Hierarchiestufungen ableiten. Diese Sichten auf das konzeptuelle Modell bilden von der statischen Seite her einen Anhaltspunkt für die Identifikation der Klassen des Objektsystems und ihrer Beziehungen untereinander.

Der Aufbau eines Objektsystems kann jedoch nicht nur die strukturellen Gesichtspunkte berücksichtigen. Ebenso muß berücksichtigt werden, wie das globale Systemverhalten, das im dynamischen Teil des konzeptuellen Modells beschrieben ist, auf das lokale Verhalten der einzelnen Objekte abgebildet wird. Hier werden wiederum durch entsprechende Werkzeugunterstützung Ausschnitte des Verhaltensmodells gebildet. Besonders hilfreich hierfür sind die Ergebnisse der im vorhergehenden Validierungsschritt durchgeführten Simulation des Modells.

4 CASE-Umgebung für die Entwicklung von Objekt-systemen

Der hier vorgestellte Ansatz zum konstruktiven Entwurf von Objektklassen wird in eine umfassende CASE-Umgebung integriert. INCOME ist eine Erweiterung der CASE*-Umgebung der ORACLE Corp. Sie ergänzt das Vorgehensmodell CASE*Method und die Werkzeuge der Umgebung um eine Methode und Werkzeuge zur Modellierung von Systemverhalten. Mit dieser Erweiterung steht eine Entwicklungsumgebung für ein weites Spektrum an Anwendungen zur Verfügung, die einerseits durch intensiven Datenbankeinsatz andererseits aber auch durch komplexe Ablauforganisationen und Echtzeitaspekte geprägt sind.

Das Werkzeug INCOME/Designer bietet einen komfortablen graphischen Editor zur Modellierung mit Pr/T-Netzen. Außerdem werden über die Standardoberfläche von ORACLE eine Vielzahl von Zusatzfunktionen über Formulare und Reports angeboten. Für die Implementation mit C und Embedded SQL lassen sich initiale Programme aus den im Repository abgelegten Informationen mit Hilfe des Werkzeugs INCOME/Generator erzeugen. INCOME/Dictionary fügt zu den im CASE*Dictionary (Repository) von ORACLE vordefinierten Datenbankstrukturen Strukturen zur Verwaltung der bei der Arbeit mit den INCOME Werkzeugen anfallenden Informationen hinzu. Diese Informationen sind über eine Vielzahl von Verbindungen mit den Informationen des CASE*Dictionaries verbunden. In analoger Weise wird die Repository-Struktur für die Entwicklung von Objektsystemen aufgebaut und in das bestehende System eingefügt.

Um die Vorteile, die eine objektorientierte Systemsicht bietet und um neue objektorientierte Techniken bei der Implementation (Datenbanksysteme, Programmiersprachen) einsetzen zu können, wird INCOME bzw. CASE* zur Zeit entsprechend erweitert. Diese Erweiterung soll zunächst durch die Integration der Eiffel Umgebung in die CASE* Umgebung erfolgen. Um dies zu erreichen muß das CASE*Dictionary um zusätzliche Tabellen erweitert werden, die die für die Eiffel Umgebung notwendigen Informationen aufnehmen können. Dabei sind zwei Lösungskonzepte denkbar. Zum einen könnten Informationen, die bisher von der Eiffel Umgebung verwaltet werden, vollständig in die CASE* Umgebung integriert werden. Die zweite Möglichkeit ist ein unveränderte Übernahme der Eiffel Umgebung mit einer Verwaltung eines entsprechenden Systems von Zeigern in der CASE* Umgebung um die notwendigen Verbindungen zu realisern.

4.1 Unterstützung der objekt-orientierten Programmierung

Zur Unterstützung der Tätigkeiten im Rahmen der Entwicklungsphase Implementation bieten CASE* und INCOME eine Reihe von Werkzeugen, wie z.B. unterschiedliche Generatoren an. Für eine objektorientierte Erweiterung lassen sich unterschiedliche objektorientierte Programmiersprachen einsetzen. Grundsätzlich muß dabei unterschieden werden ob eine klassenbasierte oder eine „Actor"-Sprache verwendet wird. Zu den objektorientierten Programmiersprachen, die ein Klassenkonzept zugrundelegen gehören z.B. Smalltalk, Trellis/Owl, Eiffel, C++, Loops und Flavors. Beispiele für Actor-Sprachen, die kein Klassenkonzept besitzen, sind Act1, Delegation und Self. Im Gegensatz zu den klassenbasierten Sprachen werden in Actor-Sprachen Objekte auf der Ausprägungsebene beschrieben. Jedes Objekt kann als Prototyp angesehen werden, das seinen eigenen Typ definiert. Dieser Unterschied muß bei der Verwendung von Pr/T-Netzen zur Beschreibung des Verhaltens berücksichtigt werden. Ein Netz kann sowohl als Beschreibung auf der Klassenebene als auch auf der Ausprägungsebene eingesetzt werden.

Hier soll jetzt nur auf die Unterstützung klassenbasierter Sprachen eingegangen werden. Beschreibt ein Netz Objektklassen, so repräsentieren die Marken, die sich im Netz befinden, den Zustand konkreter Objekte. Für diese Marken muß es daher möglich sein sie konkreten Objekten zuordnen zu können. Der Zustand eines Objekts kann sich auch aus der Markierung mehrerer Prädikatstellen ergeben. Um eine Zuordnung der einzelnen Markierungen zu konkreten Objekten zu erreichen, erhalten die Marken zusätzlich die Identifikation der Objekte. In den hier betrachteten Programmiersprachen wird üblicherweise durch Variablennamen eine Referenz auf Objekte ermöglicht. Dieses Konzept kann auch auf die Wertekombinationen der Netzmarkierungen angewandt werden. Die Markierung in der Stelle *Konto* der Abbildung 4 zeigt den Zustand eines konkreten Objekts, das über eine Variable mit dem Namen *K1* referenziert werden kann.

Die vorgestellten Konzepte zur konzeptuellen Beschreibung von Objektklassen lassen sich ein geeigneter Weise mit Eiffel verknüpfen. Besonders solche entwurfsorientierten Sprachkonstrukte wie *deferred classes*, oder Möglichkeiten zur Definition von Pre- und Post-Conditions bzw. Invarianten und die dazugehörigen Mechanismen der Behandlung von Ausnahmesituationen (exception handling) erleichtern die Umsetzung konzeptueller Beschreibungen für Implementationszwecke.

Aus den konzeptuellen Beschreibungen der Strukturen von Objektklassen lassen sich initiale Hierarchien von Objektklassen in Eiffel ableiten. Dabei können aus den Vererbungsregeln des SHO Vererbungsbeziehungen („inherits") und aus Aggregationsbeziehungen Verwendungsbeziehungen („client") gewonnen werden.

Die deklarativen Beschreibungen potentieller Prozesse in den Beschriftungen von Transitionen der Pr/T-Netze stellen den Ausgangspunkt für die Realisierung von Methoden der jeweiligen Objektklassen dar. Aus den Transitionsbeschriftungen können unmittelbar Pre- und Post-Conditions abgeleitet werden.

Die Eiffel-Entwicklungsumgebung bietet mit dem graphischen Browser *good* eine erste Unterstützung für das Auffinden und Wiederverwenden bereits vorhandener Objekte. Dieses Werkzeug gibt jedoch nur Beziehungen statischer Art zwischen Objekten wieder. Für den Aufbau von komplex strukturierten Objektsystemen läßt sich das Verhalten des entstehenden Gesamtsystems jedoch nicht mehr unmittelbar aus dem Verhalten der einzelnen Objekte erkennen. Eine Erweiterung der Eiffel-Entwicklungsumgebung um Werkzeuge zur Spezifikation, Analyse und Simulation des Verhaltens von Objekten bzw. Objektsystemen unterstützt insbesondere die Entwicklung komplexer Aufgabenstellung technischer Anwendungsbereiche. Dazu zählen etwa Automatisierungslösungen in der Fertigungs- und Verfahrenstechnik.[12]

Die Einbindung eines Ansatzes zum konstruktiven Entwurf von Objektklassen in der beschriebenen Art und Weise in eine auf dem Markt verfügbare und direkt einsetzbare Entwicklungsumgebung erlaubt die Anwendung, Überprüfung und Weiterentwicklung der Konzepte an realen Aufgabenstellungen in Zusammenarbeit mit Partnern aus der betrieblichen Praxis.

5 Literatur

[Agr86] W.W. Agresti: *New Paradigms for Software Development*. IEEE Computer Society Press, Washington D.C., 1986.

[BMS84] M.L. Brodie, J. Mylopoulos und J.W. Schmidt, Eds.: *On Conceptual Modelling. Perspectives from Artifical Intelligence, Databases, and Programming Languages*. Springer-Verlag, New York, 1984.

[Boe76] B.W. Boehm: Software engineering. *IEEE Trans. Comp. 25*, 12 (Dec. 1976), 1226-1241.

[Boe88] B.W. Boehm: A spiral model of software development and enhancement. *Computer 21*, 5 (May 1988), 61-72.

[BrR84] M.L. Brodie und D. Ridjanovic: On the design and specification of database transactions. In *On Conceptual Modelling. Perspectives from Artifical Intelligence, Databases, and Programming Languages*, M.L. Brodie, J. Mylopoulos und J.W. Schmidt, Eds. Springer-Verlag, New York, 1984.

[Che76] P.P. Chen: The entity-relationship model – Toward a unified view of data. *ACM Trans. Database Syst. 1*, 1 (Mar. 1976), 9-36.

---

[12] Siehe dazu auch [Sch90b].

[CoY90] P. Coad and E. Yourdan: *Object-Oriented Analysis*. Prentice Hall, Inc., Englewood Cliffs, NJ, 1990.

[Dae88] W.F. Daenzer (Hrsg.): *Systems Engineering. Leitfaden zur methodischen Durchführung umfangreicher Planungsvorhaben. 6. Auflage*. Verlag Industrielle Organisation, Zürich, 1988.

[Fel90] F. Feldbrugge: Petri net tool overview 1989. In *Advances in Petri Nets 1989, Part I. LNCS 424*, G. Rozenberg, Hrsg. Springer-Verlag, Berlin, Heidelberg, 1990.

[HuK87] R. Hull und R. King: Semantic database modelling: survey, applications, and research issues. *ACM Computing Surveys 19*, 3 (Sep. 1987), 201-260.

[ISO82] J.J. Griethuysen, Ed.: *Concepts and Terminology for the Conceptual Schema and the Information Base*, Report of the ISO/TC97/SC5/WG3, Publ. No. ISO/TC97/SC5-N695, 1982.

[Lau87] G. Lausen: *Grundlagen einer netzorientierten Vorgehensweise für den konzeptuellen Datenbankentwurf*. Institut für Angewandte Informatik und Formale Beschreibungsverfahren, Forschungsbericht 179, Univ. Karlsruhe, 1987.

[LNO89] G. Lausen, T. Németh, A. Oberweis, F. Schönthaler und W. Stucky: The INCOME Approach for Conceptual Modelling and Prototyping of Information Systems. In *Proc. of the 1st Nordic Conference on Advanced Systems Engineering CASE '89* (Stockholm, Sweden, May 9-11), 1989.

[Mey88] B. Meyer: *Object-Oriented Software Construction*. Prentice-Hall, Englewood Cliffs, NJ, 1988.

[NSM87] T. Németh, F. Schönthaler, H. Müller und W. Stucky: INCOME: Von der funktionalen Anforderungsspezifikation zur Prototypdatenbank – Ein methodischer Ansatz. In *Proc. der GI-Fachtagung Requirements Engineering RE'87 (St. Augustin, 20. – 22. Mai)*, GMD-Studien Nr. 121. Gesellschaft für Mathematik und Datenverarbeitung mbH, St. Augustin, 1987.

[Obe90] A. Oberweis: *Petri-Netz-Beschreibungstechniken für Exception-Handling-Mechanismen in der Automatisierungstechnik*. Forschungsbericht 207, Institut für Angewandte Informatik und Formale Beschreibungsverfahren, Universität Karlsruhe (TH), November 1990.

[Ric83] G. Richter: Netzmodelle für die Bürokommunikation, Teil 1. *Informatik-Spektrum 6*, 4 (Dez. 1983), 210-220.

[Ric84] G. Richter: Netzmodelle für die Bürokommunikation, Teil 2. *Informatik-Spektrum 7*, 1 (Feb. 1984), 28-40.

[Roy70] W.W. Royce: Managing the development of large software systems: concepts and techniques. *Proceedings, WESCON* (Aug. 1970).

[Sch90a] F. Schönthaler: CASE-Tools für verteilte Systeme: Petri-Netze in der Praxis. In *Tool 90. Proceedings. Karlsruhe, November 1990.*, W. Zorn, Hrsg. MESAGO, Messe & Kongreß GmbH, Stuttgart, 1990.

[Sch90b] F. Schönthaler: INCOME und CASE*: Ein Anwendungsentwicklungssystem für die Produktionsautomatisierung. In *DOAG: 3. Deutsche ORACLE-Anwenderkonferenz. Proceedings. Fellbach, November 1990*.

[ScN90] F. Schönthaler und T. Németh: *Software-Entwicklungswerkzeuge: Methodische Grundlagen*. B.G. Teubner, Stuttgart, 1990.

[ScS83] G. Schlageter und W. Stucky: *Datenbanksysteme: Konzepte und Modelle, 2. Auflage*. B.G. Teubner, Stuttgart, 1983.

[SmS77] J.M. Smith und D.C.P. Smith: Database abstractions: aggregation and generalization. *ACM Trans. Database Syst. 2*, 2 (June 1977), 105-133.

[SNS90] W. Stucky, T. Németh und F. Schönthaler: Modellierung und Simulation verteilter Systeme mit INCOME. In *GI – 20. Jahrestagung. Informatik auf dem Weg zum Anwender. Stuttgart, Oktober 1990. Informatik-Fachbericht*, A. Reuter, Hrsg. Springer-Verlag, Berlin, Heidelberg, 1990.

[Som89] I. Sommerville: *Software Engineering, 3rd Edition*. Addison-Wesley Publ. Comp., Wokingham, England, 1989.

Programming by Contract
– Erfüllt Eiffel das Ideal? –

Rainer Fischbach

Hirtenbrünnle 25
7245 Starzach

rf@GARFIELD.T-INFORMATIK.BA-STUTTGART.DE

Zusammenfassung

Programmieren durch Vertrag ist ein auf Abstraktionen beruhendes Modell der Softwareentwicklung, das Nutzen und Verpflichtungen auf die Verwender und Lieferanten dieser Abstraktionen verteilt. Spezifikationen geben Verträgen eine verifizierbare Form. Unterstützen die Zusicherungen, die Bestandteil der Programmiersprache Eiffel sind, das Vertragsmodell der Softwareentwicklung in angemessener Weise, wie dies von ihrem Erfinder nahegelegt wird? Die folgende Argumentation weist diesen Vorschlag zurück, indem sie vor allem aufzeigt, daß die Zusicherungen von Eiffel das dazu erforderliche Abstraktionsniveau nicht erreichen.

Abstract

Programming by contract as a modell of software development based on abstractions assigns benefits and obligations to users and providers of those abstractions. Specifications endow contracts with a verifiable form. Do the assertions that are part of the programming language Eiffel give adequate support to programming by contract, as suggested by its inventor? The following argumentation refutes this proposal, mainly by proving Eiffel assertions not to meet the required level of abstraction.

Problemstellung und Überblick

Den Proponenten der verschiedenen objektorientierten Programmiersprachen ist gemeinsam, daß sie sich von deren Einsatz wesentliche Produktivitätsgewinne in der Softwareentwicklung versprechen. Diese Gewinne sollen darauf beruhen, daß die für den objektorientierten Ansatz typische Abstraktionsform die Komplexität von Softwaresystemen reduziert, indem sie deren Code in lokal verständliche Einheiten – Klassen, die jeweils eine Menge gleichartiger Objekte beschreiben – zerlegt und dabei das sichtbare Verhalten dieser Objekte strikt von seiner verborgenen Implementation scheidet. Die Klasse ist als Codemodul eine syntaktische und als Typkonstruktor auch eine semantische Einheit.

Während eine Klasse einen statischen Namensraum bildet, aus dem einzelne Elemente kontrolliert exportiert werden können, repräsentiert ein Objekt eine dynamische Umgebung, d. h. eine Variable, deren konkreter Wert eine Menge von Bindungen der lokalen Namen seiner erzeugenden Klasse ist. Die Merkmale, welche die Abstraktion des externen Objektverhaltens konstituieren, entsprechen den exportierten Namen der lokalen Umgebung. Diese Namen können für Attribute oder Routinen stehen. Die Anwendung eines Merkmals auf ein Objekt impliziert die Ausführung der korrespondierenden, d. h. in der von dem Objekt repräsentierten Umgebung an seinen Namen gebundenen Routine in dieser Umgebung oder im Falle eines Attributs dessen Auswertung in derselben. Die Anwendung eines exportierten Merkmals ist außerhalb der das Objektverhalten definierenden Klassen die einzig zulässige Form des Zugriffs auf ein Objekt.

Zu den positiven Folgen dieses Ansatzes sollen die lokale Verständlichkeit des Objektverhaltens bzw. der Codemudule, die es beschreiben, deren erhöhte Wartbarkeit, Änderbarkeit und Erweiterbarkeit, sowie schließlich auch deren Wiederverwendbarkeit gehören. Die hier vertretene Sicht der objektorientierten Programmierung hält die Existenz lokaler Objekte im Unterschied zum Konzept eines zusammenhängenden, globalen Speichers für deren wesentliches Merkmal – ohne den hohen Wert von mehrfacher Vererbung und dynamischer Bindung von Merkmalen in Frage stellen zu wollen. [1]

Die Versprechen des objektorientierten Ansatzes einzulösen, verlangt jedoch, daß eine Voraussetzung erfüllt ist, deren Bestehen oft nur unterstellt wird: Die Abstraktion von der Implementation bedarf der Spezifikation des Verhaltens der Objekte, wenn sie nicht unverbindlich bleiben soll:

> 'Abstraction provides the two key benefits of locality and modifiability. Both are based on the distinction between an abstraction and its implementations. Locality means that each implementation can be understood in isolation. An abstraction can be used without our having to understand how it is implemented, and it can be implemented without our having to understand how it is used. Modifiability means that one implementation can be substituted for another without disturbing the using programs.
>
> To obtain these benefits, we must have a description of the abstraction that is distinct from any implementation. [...] Users can assume the behavior described by the specification, and implementers must provide this behavior. Thus the specification serves as a contract between users and implementers.' [2]

Von der Implementation kann nur abstrahiert werden, wenn das implementierte bzw. zu implementierende Verhalten auch implementationsunabhängig beschrieben wird. Dies ist die Aufgabe der Spezifikation. Die Spezifikation ist ein verbindlicher Bestandteil der Dokumentation einer Klassenschnittstelle, welche das abstrakte Verhalten einer Menge von Objekten zur Verfügung stellt. Der Aufbau korrekter Systeme aus wiederverwendbaren Komponenten ist nur auf der Basis solcher durch präzise Spezifikationen gebundener Abstraktionen möglich. Ohne präzise Spezifikation gibt es weder eine sichere Verwendung noch eine überprüfbare Implementation von Abstraktionen.

Hinter der Klasse X mit den unten angeführten Features könnte sich ein Stapel, doch ebenso gut auch eine Schlange oder eine Struktur mit völlig undurchsichtigem Verhalten verbergen. Die Signatur einer Klasse sagt nicht genug über das Verhalten der zu ihr gehörenden Objekte aus, um spezifische Erwartungen zu rechtfertigen. Sie ist zwar ein notwendiger, doch kein hinreichender Faktor einer Klassenspezifikation. [3]

```
class X [T]
feature
    item: T is ... end
    put (x: T) is ... end
    remove is ... end
```

```
count: INTEGER is ... end
end -- class X
```

Die umgangssprachliche Beschreibung des Objektverhaltens wird sicher immer die Basis des Verständnisses einer Klasse bilden. Formale Spezifikation ist nicht ihr Ersatz, sondern ihre Ergänzung. Eine formale Beschreibung setzt informale Präzision voraus, verfügt jedoch – zumindest wenn sie gewisse, noch zu diskutierende Kriterien erfüllt – über den Vorzug konzis, präzise und eindeutig zu sein. Einer formalen Spezifikation kommt deshalb die Rolle der letzten Referenz zu, vor der sich jede Interpretation umgangssprachlicher Beschreibungen rechtfertigen muß.

Eine Spezifikation verpflichtet zunächst diejenigen, die eine Abstraktion implementieren, und garantiert deren Verwendern ein bestimmtes Verhalten. Oft wird dieses Verhalten jedoch nicht bedingungslos gewährt: Die Nutzer müssen bestimmte Vorleistungen erbringen, um in den Genuß der zugesagten Leistungen zu kommen. So muß z. B. eine indizierbare Tabelle sortiert sein, um eine binäre Suche zuzulassen. Diese Vorbedingung wird andererseits als Nachbedingung einer Sortierprozedur zugesichert. Die binäre Suche ist also immer zulässig, wenn die Tabelle zuvor sortiert wurde und erbringt dann auch das zugesicherte Ergebnis, etwa einen ganzzahligen Index, der den Platz des gesuchten Elementes angibt, wenn er innerhalb des belegten Indexbereichs liegt, und im anderen Fall anzeigt, daß dieses Element in der Tabelle nicht vorhanden ist.

Die Korrektheit einer Anweisungssequenz ergibt sich also aus der Implikation der Vorbedingungen der Folgeanweisungen durch die Nachbedingungen der vorausgehenden. Diese und entsprechende Regeln für weitere Formen der algorithmischen Konstruktion wie Schleifen, Auswahl, etc. erlauben es, Programme aus Spezifikationen zu entwickeln bzw. zu beweisen, daß ein gegebener Code eine Spezifikation erfüllt.

Die juristische Metapher von der Spezifikation als Vertrag benennt nicht nur die formalen Konstitutiva korrekter Software, sondern schlägt zugleich ein Modell der Arbeitsteilung zwischen den Lieferanten und Kunden von Softwarebausteinen vor. Mit Eiffel verbindet sich oft die Erwartung, hier liege ein Medium vor, in dem sich dieses Modell der Softwareentwicklung durchsetzen lasse. [4]

Eiffel kennt Zusicherungen in der Gestalt von Ausdrücken mit Typ `BOOLEAN`. Diese Zusicherungen können als Klasseninvarianten sowie als Vor- und Nachbedingungen von Routinen auftreten, in welcher Form sie den Vertrag zwischen den Kunden einer Klasse und denjenigen formulieren sollen, die diese Klasse zur Verfügung stellen, weiterhin als Invarianten von Schleifen und in unspezifischen `check`-Klauseln, die der systematischen Konstruktion und Dokumentation von Implementationen dienen sollen.

Ist der Anspruch, damit sei das Vertragsmodell der Softwareentwicklung auf eine tragfähige Grundlage gestellt, auch begründet? Dagegen existiert eine Reihe von Einwänden. Hier die Auflistung der Einwände in der Reihenfolge vom Grundsätzlichen und Allgemeinen zum Besonderen:

1. Spezifikationen müssen unabhängig von der Implementation sein. Programmiersprachliche Ausdrücke wie die Eiffel-Assertions, deren Werte vom konkreten Zustand eines in der Ausführung begriffenen Programms abhängen, können *per definitionem* nicht implementationsunabhängig sein. Sie bedürften vielmehr selbst erst der Spezifikation und eines Beweises ihrer Korrektheit. Sie repräsentieren deshalb eine methodologische Petitio Principii.

2. Spezifikationen sollten so abstrakt wie möglich bleiben und keine unnötigen Festlegungen enthalten. Werden Prädikate in der Implementationssprache abgefaßt, wird diese Anforderung in der Regel nicht erfüllt und vor allem ein Anlaß zum Durchbrechen der Schranke zwischen Abstraktion und Implementation gegeben.

3. Programmiersprachliche Ausdrücke können der doppelten Anforderung an eine Spezifikation, nämlich abstrakt *und* präzise zu sein, nicht genügen. Sie bleiben, sofern in ihnen von den einzigen hier zur Verfügung stehenden Formen der Abstraktion – der durch Abbreviation und Parameterisierung – Gebrauch gemacht wird, eben unpräzise und unspezifisch und vermögen Präzision und Besonderheit nur zu erlangen, indem sie auf Abstraktion gänzlich verzichten.

4. Spezifikationen, die optional auswertbare Ausdrücke sind, bilden vielmehr Bestandteile der Software und können – zumal in einer Sprache, die referentielle Transparenz nicht garantiert – deren Verhalten beeinflussen. Spezifikationen müssen dagegen Aussagen über das Verhalten von Software und nicht Teile derselben sein.

5. Ausdrücke der Programmiersprache sind inadäquate sprachliche Mittel: Die deklarative Semantik der Spezifikation wird durch die prozedurale Semantik der Programmiersprache beschränkt.

6. Zum Wesen des Vertrags gehört es, nicht einseitig abänderbar zu sein. Da Spezifikationen in Eiffel jedoch nicht unabhängig von der Implementation formulierbar sind, ist es den Implementierenden mittels polymorpher Merkmale jederzeit möglich, den Vertrag neu zu schreiben.

7. Der Status von Spezifikationen als programmiersprachlichen Ausdrücken, die optional auch evaluiert werden können, macht sie zwar zu brauchbaren Testhilfen, fördert jedoch das Mißverständnis, Spezifikationen seien dazu da, zur Laufzeit geprüft zu werden, und nicht, um die Konstruktion von Software zu ermöglichen, deren Korrektheit einer argumentativen Begründung fähig ist.

Ein kritisches Überdenken der Eiffel-Assertions ist jedoch noch aus einem weiteren Grund angezeigt: Das Typsystem von Eiffel, das einerseits Zuweisbarkeit an Variable bzw. Substituierbarkeit für formale Argumente auf Vererbung gründet, andererseits jedoch einem Klassenerben erlaubt, den Exportstatus von Merkmalen einzuschränken sowie den Typ von Attributen und von formalen Routinenargumenten kovariant zu verfeinern, verlangt danach, den Begriff der Typkonformität neu zu überdenken. Soll darüber hinaus das Konzept der abstrakten Datentypen ernst genommen werden, so ist ohnehin angezeigt, unter der Konformität von Datentypen mehr zu verstehen als nur die Verträglichkeit von Signaturen gemäß der Kontravarianzregel.

Ein semantischer Begriff der Typkonformität, der nicht auf der syntaktischen Beziehung des Erbens basiert und die Verträglichkeit der Signaturen zwar als notwendiges, doch nicht als alleiniges Kriterium akzeptiert, kann sich nur auf eine formale Spezifikation des Objektverhaltens stützen. Dadurch vermag er auch unverwandte Klassen als Implementationen desselben abstrakten Typs auszuweisen. Abstrakte Typen können als Familien von nicht notwendigerweise verträglichen konkreten Typen begriffen werden. [5]

Letzteres erscheint vor allem aus Klientensicht attraktiv zu sein: Die potentiellen Verwender von Softwarebausteinen müssen ja von einer Spezifikation des Verhaltens ausgehen, das sie benötigen, und dann anhand der Spezifikation eines Kandidaten feststellen, ob er ihre Anforderungen erfüllt.

Abstrakte versus konkrete Spezifikation

Der offensichtlichste Einwand gegen die Zusicherungen von Eiffel betrifft die mangelnde Ausdrucksmächtigkeit der Subsprache der booleschen Ausdrücke. In der Literatur finden sich hierzu Stellungnahmen, die diesen Sachverhalt zwar prinzipiell zugestehen, jedoch in der Praxis für kompensierbar halten:

> 'The assertion sublanguage of Eiffel is not a full-fledged formal specification language but is limited to boolean expressions, with a view extension. Purely applicative expressions are usually sufficient to cover the most important semantic properties of routines and classes; more advanced properties are captured by functions.'[6]

Eine neuere Äußerung verstärkt diese Aussage:

> 'As part of its specification, a class contains assertions, which formally express the precise properties of its operations.'[7]

Die Annahme, die Ausdrucksfähigkeit der Zusicherungen in Eiffel sei hinreichend, um die wichtigsten semantischen Eigenschaften von Klassen zu beschreiben, ist schwer verständlich und die vorgeschlagene Abhilfe nicht ohne Risiko. Ein Beispiel wird dies erläutern. Ich betrachte den bereits oben skizzierten Fall einer indizierbaren Tabelle:

```
class TABLE [T->ORDER]
creation make
feature
   add (x: T) is
     do count := count + 1
       if count > a.size then a.resize (1, 2 * a.size) end
       a.put (x, count)
     ensure count = old count + 1 end
   item (n: INTEGER): T is
     require 1 <= n; n <= count
     do Result := a.item (n)
     end
   count: INTEGER
   sort is
     do the_sorter.sort (a, 1, count)
     ensure sorted; count = old count end
   sorted: BOOLEAN is
     -- are the items in Current sorted in
     -- nondecreasing order?
     local i, j: INTEGER
     do
       from i := 1  j := 2
       until j > count or else item (j) < item (i)
       loop i := j  j := j + 1 end
       Result := j > count
     end
   index (x: T): INTEGER is
     -- search for item 'x' and return its index, if it
     -- is present, return 0 otherwise
     require sorted
     local l, u, m: INTEGER
     do
       from l := 1  u := count  m := (l + u) div 2
       until u < l or else x.is_equal (a.item (m))
       loop
         if x < a.item (m) then u := m - 1
         else l := m + 1 end
         m := (l + u) div 2
```

```
      end
      if 1 <= u then Result := m end
    ensure 1 <= Result and Result <= count implies
      x.is_equal (item (Result))
    end
  make is do a.make (1, 100)
    ensure count = 0 end
feature {NONE}
  a: ARRAY [T]
  the_sorter: SORTER [T] is
    once !!Result end
invariant count >= 0
end -- class TABLE
```

Das Feature **index** hat zur Vorbedingung, daß die Tabelle sortiert ist, da ein effizienter Suchalgorithmus wie die binäre Suche sonst nicht anwendbar wäre. Dies müßte als Nachbedingung des Features **sort** zugesichert werden. Mit den Ausdrucksmitteln der Prädikatenlogik läßt sich dieser Sachverhalt implementationsunabhängig formulieren:

$$x.\text{SORTED} = \forall i, j : \text{INTEGER} \bullet 1 \leq i \wedge i < j \wedge j \leq x.\text{COUNT} \implies$$
$$x.\text{ITEM}(i) \leq x.\text{ITEM}(j)$$

Die Sortiertheit in nichtfallender Folge ist als Vorbedingung der binären Suche ausreichend, als Nachbedingung eines Sortieralgorithmus jedoch nicht, da hier zusätzlich verlangt werden muß, daß die sortierte Tabelle eine Permutation der ursprünglichen Tabelle ist, d. h. es muß eine Bijektion $p\colon [1, x.\text{COUNT}_{\text{pre}}] \to [1, x.\text{COUNT}_{\text{post}}]$ existieren, so daß

$$\forall k : \text{INTEGER} \bullet k \in [1, x.\text{COUNT}_{\text{pre}}] \implies x.\text{ITEM}_{\text{pre}}(k) = x.\text{ITEM}_{\text{post}}(p(k))$$

Natürlich impliziert deren Existenz, daß $x.\text{COUNT}_{\text{pre}} = x.\text{COUNT}_{\text{post}}$ ist. Sortieren ist zudem idempotent: $x.\text{SORT}.\text{SORT} = x.\text{SORT}$. Die Bedingung, daß sich die Anzahl der Einträge in der Tabelle durch das Sortieren nicht ändert, läßt sich noch durch die Eiffel-Zusicherung `count = old count` ausdrücken und die Sortiertheit läßt sich durch eine Eiffel-Funktion bestätigen, doch ist nicht erkennbar, wie sich die Forderung, daß Sortieren die Einträge nur permutiert und nicht etwa durch andere ersetzt, in diese Form umsetzen ließe.

Die tiefgestellten Indizes *pre* und *post* in den obigen Formeln verweisen auf den Zustand vor bzw. nach Ausführung der spezifizierten Routine. Die großgeschriebenen Namen wie COUNT und ITEM gehören der Sprache an, in welcher die abstrakten Werte spezifiziert werden, die Objekte der Klasse **TABLE** annehmen können. Sie sind deshalb auch keine programmiersprachlichen Notationen: Vielmehr bezeichnen sie mathematische Funktionen, deren Vor- und Nachbereiche Mengen abstrakter Werte sind. Sie sind nicht mit den entsprechenden, kleingeschriebenen konkreten Features identisch.

ITEM ist ein Funktional, also eine Funktion, die eine Funktion liefert, und zwar ist es von der Form $\text{ITEM}\colon \text{TABLE}[T] \to \text{INTEGER} \to T$. Sein Wert $x.\text{ITEM}$ für ein Objekt x ist eine partielle Funktion, die ein Anfangssegment der positiven ganzen Zahlen in die Menge T abbildet. SORT ist eine Funktion, welche die Menge der Werte von TABLE $[T]$ in sich selbst abbildet, also $\text{SORT}\colon \text{TABLE}[T] \to \text{TABLE}[T]$. T ist eine gebundene Sortenvariable, welche die Theorie einer totalen Ordnung einführt. Eine Spezifikation, welche von einer solchen gebundenen Variablen abhängt, legt eine ganze Familie von Datentypen fest bzw. faßt die Menge der Spezifikationen zusammen, welche durch die zulässigen Substitutionen der gebundenen Variablen bestimmt ist.

Den abstrakten Werten entsprechen Äquivalenzklassen von konkreten Werten, die aus der Sicht der Klienten ununterscheidbar sind. Der Wert von x.ITEM – das ist eine Funktion, welche den ganzzahligen Bereich [1, x.COUNT] in T abbildet – charakterisiert den abstrakten Wert des Objekts x der Klasse **TABLE** vollständig. Zwei Objekte t_1 und t_2 dieser Klasse sind gleich – nicht notwendigerweise identisch –, wenn die Funktion ITEM für beide Objekte identisch ist: t_1.ITEM $= t_2$.ITEM: Genau dies müßte die Bedeutung von **t1.is_equal (t2)** sein, die sich innerhalb von Eiffel wie auch von anderen Programmiersprachen nicht formulieren läßt, da die Gleichheit von Funktionen keine operative Bedeutung hat! In welchem Verhältnis stehen nun die Zusicherungen der angeführten Eiffel-Klasse, die dem vorgeschlagenen Schema entspricht, zu den obigen Prädikaten?

Zunächst ist nicht ohne weiteres klar, ob der Körper der Funktion **sorted** genau dann den Wert **true** liefert, wenn das angeführte Prädikat von dem abstrakten Wert eines Objektes ausgesagt werden kann. Der Beweis dieses Sachverhalts ist umständlich und muß von bestimmten Eigenschaften einer Ordnungsrelation, wie der Transitivität, Gebrauch machen. Er setzt also eine Theorie der Operatoren '<' bzw. '<=' voraus, die dartut, daß selbige eine Ordnungsrelation repräsentieren. Der Mechanismus der eingeschränkten generischen Parameter in Eiffel gewährleistet lediglich, daß diese Operatoren existieren, nicht jedoch, daß sie die Bedeutung einer totalen Ordnungsrelation auf den Typen haben, an die der formale Parameter gebunden sein kann! Letzteres könnte nur – hier funktioniert die Generizität von Klassen als Abstraktionsmechanismus nicht – aus ihrer jeweiligen Implementation hervorgehen.

Um sich davon zu überzeugen, daß das konkrete Feature **sorted** die gewünschte Eigenschaft hat, ist es notwendig, die Schwelle zwischen Abstraktion und Implementation zu durchbrechen und den Code zu inspizieren. Das besagte Verfahren spezifiziert also keine abstrakten Datentypen. Zudem ist ein solcher Nachweis nur sinnvoll, wenn zuvor ein unabhängiger und klarer Begriff von Sortiertheit gewonnen wurde.

Im vorliegenden Fall macht die Routine **sorted** nur von öffentlichen Features Gebrauch. Nicht selten müßten vergleichbare Funktionen jedoch auf verborgene Attribute zugreifen. Die Gleichheit von abstrakten Werten läßt sich entweder durch die Gleichheit zwischen Termen ausdrücken, die mit den Funktionszeichen der Signatur aufgebaut werden, oder über die Referenzobjekte, die ein explizites mathematisches Modell liefert. Die in Eiffel vorhandenen Mittel der Spezifikation versagen vor dieser Aufgabe. Eigenschaften, wie die von QUEUE, daß

$$q.\text{ADD}(x).\text{REMOVE} = \begin{cases} q, & \text{if } q.\text{EMPTY} \\ q.\text{REMOVE}.\text{ADD}(x), & \text{otherwise.} \end{cases}$$

sind mit Hilfe der Zusicherungen von Eiffel nicht formulierbar. [8] Auch die wesentlichen Eigenschaften von Mengen, Bags, Graphen etc. lassen sich durch Eiffel-Zusicherungen nicht ausdrücken. [9] Eiffel-Funktionen liefern für eine Spezifikation gleichzeitig zu viel *und* zu wenig:

- Zu viel, weil eine Spezifikation nur eine universelle Aussage sein soll und keine Methode zur empirischen Verifikation ihrer singulären Instanzen;
- zu wenig, weil die deklarative Bedeutung des ausführbaren Codes alles andere als offensichtlich und klar ist.

Die Denotation einer wirklich unabhängigen, abstrakten Spezifikation ist die Äquivalenzklasse der sie erfüllenden Implementationen. Doch genau diese Klasse bleibt bei programmiersprachlichen Spezifikationen unbestimmt, weil nicht klar ist, *wovon* abstrahiert werden, d. h. worin Äquivalenz bestehen soll.

Aussagen, welche eine universelle Quantifikation oder die Negation einer Existenzbehauptung enthalten, sind nur sehr umständlich prozedural zu fassen. Der Rückgabewert

0 impliziert beim Feature **index**, daß in der Tabelle kein Wert existiert, der mit dem Argument x identisch ist.

$$t \mathbin{.} \text{INDEX}\,(x) = 0 \implies \neg\exists k\colon \text{INTEGER} \bullet t \mathbin{.} \text{ITEM}\,(k) = x$$

Eine konkrete prozedurale Spezifikation dieses Sachverhalts würde, wie übrigens auch der Versuch, die Schleifeninvariante der binären Suche innerhalb von Eiffel zu explizieren, auf nichts anderes hinauslaufen, als eine Suchroutine – also etwas von derselben Art, wie das, was gerade spezifiziert werden soll – zu kodieren... Hier die Schleifeninvariante:

$$(\exists m\colon \text{INTEGER} \bullet c \mathbin{.} \text{ITEM}\,(m) = x) \implies$$
$$\exists n\colon \text{INTEGER} \bullet l \le n \wedge n \le u \wedge c \mathbin{.} \text{ITEM}\,(n) = x$$

wobei *Current* durch c abgekürzt ist. Aus $u < l$ folgt natürlich sofort, daß ein solcher Index nicht existiert und die Tabelle deshalb den gesuchten Wert nicht enthält.

Die Spezifikation ist nicht dazu da, bei jeder Applikation eines Features auf eine Instanz der Klasse überprüft zu werden – nur dazu wäre der ausführbare Code gut –, sondern um als Grundlage einer strengen Argumentation zu dienen, welche die Korrektheit sowohl einer Implementation als auch einer bestimmten Verwendung nachweist. Selbst als Testhilfen wären solche Funktionen, wie sie als Komponenten von Zusicherungen oft vorgeschlagen werden, strenggenommen nur dann zulässig, wenn sie ihrerseits spezifiziert und bewiesen wären!

Circulus vitiosus

Prädikate, in deren Formulierung Quantoren vorkommen müßten, durch Eiffel-Funktionen zu ersetzen, kann, wie einige weitere Überlegungen zeigen, nämlich nur bedeuten, ein ohnehin schon zirkuläres Verfahren eine Umdrehung weiter zu treiben. Die logische Zulässigkeit eines solchen Kunstgriffes würde also die formale Spezifikation und den Korrektheitsbeweis der Routine requirieren. Ein solches Vorgehen ist bodenlos und kann die Beweislast der Lieferanten nicht verringern, sondern nur erhöhen. Dem Kunden wird dabei zugemutet, noch mehr glauben zu müssen, als wenn nur platt die Korrektheit der ursprünglichen Routine behauptet worden wäre. Darüber hinaus wird es jedem Erben ermöglicht, durch schlichte Umdefinition der betreffenden Funktionen sich scheinbar aller Lasten zu entledigen:

```
class BLACK_TABLE [T->ORDER]
inherit TABLE [T] redefine sorted, index end
feature
    sorted: BOOLEAN is true
    index (x: T): INTEGER is do end
end -- class BLACK_TABLE
```

Auf diese Problematik wurde bereits von Gary T. Leavens und William E. Weihl hingewiesen:

'However, assertions for Eiffel specifications are written using a type's operations. A subclass in Eiffel can redefine the operations of a superclass, so that while the implications among the pre- and post-conditions may be valid, the behavior of instances of the subtype may be surprising. The extreme of this problem occurs for deferred types: types for which one or more of the operations are not implemented (i.e. their implementation is deferred to a subclass). Consider a class D where all the operations are deferred. The pre- and post-conditions of the operations of D are written using the operations of D. But the operations of D are not implemented, so the assertions that are used to define these operations are meaningless.' [10]

Die beiden Autoren vergessen an dieser Stelle natürlich nicht, darauf hinzuweisen, wie sich eine solche Situation vermeiden läßt: Durch den Gebrauch einer unabhängigen Form der Spezifikation.

Im Kontext einer objektorientierten Sprache läßt sich die referentielle Transparenz von Ausdrücken, die Funktionsaufrufe enthalten, nicht garantieren. Selbst von Seiteneffekten und verdeckten dynamischen Abhängigkeiten einmal abgesehen, nimmt die Möglichkeit, Funktionen in einer Nachkommenklasse neu zu implementieren, der Sprache der Ausdrücke jene Implementationsunabhängigkeit, Verbindlichkeit und Transparenz, die von einer Spezifikationssprache zu fordern ist. Die Formeln der Prädikatenlogik sind z. B. referentiell transparent. Ihre Bedeutung läßt sich aus dem lokalen Kontext ermitteln, sie hängt nicht von unsichtbaren Einflüssen ab und vor allem kann sie nicht durch Manipulationen an einem anderen Ort verändert werden.

Die einzelnen Vorwürfe an die gegenwärtige Gestalt der Zusicherungen in Eiffel sind nicht logisch unabhängig. Der allen anderen zugrunde liegende ist Einwand Nummer eins: Eine Programmiersprache kann nicht der Spezifikation dienen, zumindest nicht, solange sie dafür keine angemessenen Konstrukte mit entsprechender Semantik enthält.

Die Ausnahmen davon wären Programmiersprachen, in denen Programme selbst den Charakter von ausführbaren Spezifikationen annehmen, [11] etwa in Form von definitorischen Gleichungen wie in ML oder von Regeln wie in PROLOG. Doch selbst dort trifft dies nur bedingt zu. Bei den meisten PROLOG-Interpretern hat etwa die Reihenfolge, in der die Klauseln aufgeführt sind, Einfluß auf die operative Bedeutung eines Logikprogramms und es gibt intransparente prozedurale Elemente wie den Cut-Operator, mit dessen Hilfe sich solche Abhängigkeiten ausnutzen lassen. Am ehesten kommt unter den geläufigen Sprachen vielleicht noch Miranda in die Nähe des Ideals eines transparenten, spezifikatorischen Stils. [12]

Eine derartige Sprache, die es erlaubte, Spezifikationen auszuführen, müßte mit einer transparenten definitorischen Semantik ausgestattet sein, um garantieren zu können, daß die Spezifikationen eine klare und wohldefinierte operative Bedeutung haben. Die heute populären objektorientierten Sprachen – Eiffel eingeschlossen – bieten dafür keine Anhaltspunkte. Objektorientierte Programme erzielen ihre Resultate in der Regel durch Seiteneffekte und nutzen oft Aliasbeziehungen zwischen Namen aus. Zudem können Routinen ja redefiniert werden. Diese Kombination ist mit referentieller Transparenz nicht verträglich. Eiffel-Ausdrücke vom Typ BOOLEAN haben keine eindeutige definitorische Bedeutung, sondern eben nur eine implementationsabhängige und intransparente operative. Sie in Zusicherungen zu verwenden, bedeutet deshalb, eine Spezifikation nicht zu liefern, sondern den Anschein einer solchen zu erschleichen.

Die Bedeutung einer Spezifikation muß unabhängig von der Implementation sein. Schon das in der Spezifikation von abstrakten Datentypen unerläßliche Gleichheitsprädikat ist jedoch in Eiffel unabhängig von der Implementation nicht formulierbar, wenn es tatsächlich die Gleichheit von abstrakten Werten, d. h. die gemeinsame Mitgliedschaft zweier Objekte in einer Äquivalenzklasse verhaltensmäßig austauschbarer Repräsentationen meint und nicht etwa nur die paarweise Übereinstimmung aller ihrer Attributwerte.

Eine Ausnahme davon stellen lediglich besonders konstruierte Klassen dar, deren Schnittstelle in geeigneter Weise erweitert wurde – und zwar um ein explizites Modell der abstakten Werte! Dasselbe gilt für praktisch alle interessanten Prädikate und Observatoren von abstrakten Datentypen.

Ein Beispiel soll dies verdeutlichen. Einen zirkulären FIFO-Puffer wird man in Eiffel etwa folgendermaßen implementieren:

```
class FIFO [T]
creation make
feature
   item: T is require count > 0
     do Result := b.item (first) end
   add (x: T) is require count < size
     do count := count + 1 b.put (x, free)
       free := (free + 1) mod size
     ensure count = old count + 1 end
   remove is require count > 0
     do count := count - 1 first := (first + 1) mod size
     ensure count = old count - 1 end
   count: INTEGER;
   size: INTEGER is 10
   make is do b.make (0, size - 1) end
feature {NONE}
   b: ARRAY[T]
   first, free: INTEGER
end -- class FIFO
```

Wann sind zwei Objekte des Typs FIFO [INTEGER] gleich? Die Übereinstimmung der konkreten Repräsentationen des abstrakten Datentyps, d. h. aller Attribute ist dafür zwar eine hinreichende, doch keine notwendige Voraussetzung. Z. B. repräsentiert die folgende Menge

$$\{\text{FIRST} \mapsto \{() \mapsto 1\}, \text{FREE} \mapsto \{() \mapsto 5\}, \text{COUNT} \mapsto \{() \mapsto 4\}, \text{SIZE} \mapsto \{() \mapsto 10\},$$
$$\text{B.ITEM} \mapsto \{0 \mapsto 7, 1 \mapsto 6, 2 \mapsto 8, 3 \mapsto 0, 4 \mapsto 9, 5 \mapsto 99, 6 \mapsto 69, 7 \mapsto 33, 8 \mapsto 88,$$
$$9 \mapsto 11\}\ldots\}$$

von Bindungen den selben abstrakten Wert wie

$$\{\text{FIRST} \mapsto \{() \mapsto 8\}, \text{FREE} \mapsto \{() \mapsto 2\}, \text{COUNT} \mapsto \{() \mapsto 4\}, \text{SIZE} \mapsto \{() \mapsto 10\},$$
$$\text{B.ITEM} \mapsto \{0 \mapsto 0, 1 \mapsto 9, 2 \mapsto 88, 3 \mapsto 33, 4 \mapsto 69, 5 \mapsto 19, 6 \mapsto 609, 7 \mapsto 13, 8 \mapsto 6,$$
$$9 \mapsto 8\}\ldots\}$$

Ein Feature is_equal, das diesem Sachverhalt Rechnung trüge, müßte dann auf Implementationsdetails zurückgreifen. In die Implementation einer Abstraktion muß das Wissen darüber eingehen, *wovon* abstrahiert wird:

```
class FIFO_EQ [T]
creation make
inherit FIFO [T] redefine is_equal
   export {FIFO_EQ} b, first, free
   end
feature
   is_equal (other: FIFO_EQ [T]): BOOLEAN is
     local i, j: INTEGER
     do
       if count = other.count then
         from i := first  j := other.first
```

```
            until i = free or else
              not equal (b.item (i), other.b.item (j))
            loop i := (i + 1) mod size  j := (j + 1) mod size end
            Result := i = free
          end
        end
    end -- class FIFO_EQ
```

Ein etwas transparenterer Ansatz würde dagegen ein explizites Modell der abstrakten Werte in die Klassenschnittstelle aufnehmen:

```
class FIFO_VAL [T]
creation make
inherit FIFO [T] redefine is_equal end
feature
    val (n: INTEGER): T is
      require n > 0; n <= count
      do Result := b.item ((first + n - 1) mod size) end
    is_equal (other: FIFO_VAL [T]): BOOLEAN is
      local i: INTEGER
      do
        if count = other.count then
          from i := first
          until i > count or else
            not equal (val (i), other.val (i))
          loop i := i + 1 end
          Result := i > count
        end
      end
    end -- class FIFO_VAL
```

In diesem Fall würde den beiden oben angeführten konkreten Repräsentationen der gemeinsame abstrakte Wert

$$\{COUNT \mapsto \{() \mapsto 4\}, SIZE \mapsto \{() \mapsto 10\},$$
$$VAL \mapsto \{1 \mapsto 6, 2 \mapsto 8, 3 \mapsto 0, 4 \mapsto 9\}\dots\}$$

entsprechen. Jedoch setzt dieser Kunstgriff die korrekte Implementierung von `is_equal` bzw. `val` voraus. Die beiden Klassen `FIFO_EQ` und `FIFO_VAL` sind – nebenbei gesagt – wunderbare Beispiele für die in Version 3 durch eine Lösung, die ad hoc entstanden zu sein scheint, eher kompensierte als wirklich bereinigte Problematik des Typsystems von Eiffel, da beide nicht typkonform zu ihrer Vorfahrenklasse `FIFO` sind! Dies resultiert hier darin, daß `is_equal` nicht einmal symmetrisch ist, da die Vertauschung der Argumente zu einem Typfehler führt.

Schon bei einem so fundamentalen Feature wie `is_equal` kann also nicht von einer transparenten deklarativen Semantik ausgegangen werden. Vielmehr lauern überall Fallstricke, die von der prozeduralen Semantik der Programmiersprache sowie der in der Regel unsichtbaren und nicht eindeutig festlegbaren konkreten Implementation dieses Merkmals herrühren. Zusicherungen, die derartiges enthalten, können deshalb nicht eindeutig sein!

In Spezifikationen, die den Namen verdienen, wird die Bedeutung der Gleichheit sowie anderer Prädikate durch Aussageschemata konstituiert, die angeben, wann zwei Terme gleich sind oder ein Prädikat auf einen Term bzw. ein Tupel von Termen zutrifft. Dadurch ist es möglich, irreduzible Terme als kanonische Repräsentanten von Äquivalenzklassen auszuzeichnen. Das Gleichheitszeichen in einer algebraischen Spezifikation oder der definitorische Gleichheitsoperator von Miranda haben eine völlig andere Bedeutung als der Gleichheitsoperator bzw. die Funktion `is_equal` in Eiffel! In einer Sprache wie Eiffel konstituiert die Verwendung des Gleichheitsoperators oder einer anderen Funktion vom Typ `BOOLEAN` niemals eine präskriptive Aussage, sondern immer nur einen evaluierbaren Ausdruck, der selbst spezifikationsbedürftig ist. In Abwesenheit einer Spezifikation und Verifikation desselben kann sich seine Bedeutung nur aus seiner Implementation ergeben. Doch genau dann erfüllt die Zusicherung, in der er vorkommt, ihre Aufgabe als Medium der Abstraktion nicht mehr!

Zusicherungen von Eiffel sind als vermeintliche Spezifikationen entweder haltlos, weil zirkulär und unterdeterminiert, oder abstraktiv impotent. Ein programmiersprachlicher Ausdruck vom Typ `BOOLEAN` ist *keine* Proposition! Seine Bedeutung ist vielmehr entweder ein Wert aus der Menge {`false`, `true`} oder undefiniert. Solche Ausdrücke gehören der Objektsprache an und nicht der Metasprache, in der abstrakte Spezifikationen anzusiedeln wären. Spezifikationen sind Aussagen *über* Programme und *nicht* Bestandteile *von* Programmen. Überdies sollte die Wahl der Implementationssprache durch eine Spezifikationssprache allerhöchstens nahegelegt, nicht jedoch präjudiziert werden. Eine Spezifikation kann ihre formale Funktion wie auch ihre soziale Aufgabe mit einer symmetrischen Bindungswirkung für beide Seiten des Vertrags nicht erfüllen, solange sie die Kriterien der Unabhängigkeit, Transparenz und logischen Konsistenz nicht erfüllt.

Perspektiven

Daß die Eiffel-Assertions unbefriedigend sind, dürfte nunmehr deutlich geworden sein. Doch was wäre an ihre Stelle zu setzen?

Eiffel besitzt als Programmiersprache bereits viele attraktive Merkmale, weshalb sich eine Apologie, die mit wenig überzeugenden Argumenten ihre Schwächen als Spezifikationssprache rechtfertigt, eigentlich erübrigt. [13] Spezifikationen müssen nicht in ausführbarem Code resultieren, und deshalb auch keine Effizienzprobleme verursachen. Entsprechende Erweiterungen sollten orthogonal zur Syntax der ausführbaren Anweisungen sein und deshalb auch kein Hindernis für alle diejenigen darstellen, die Eiffel nur als Programmiersprache lernen und anwenden wollen. Dies muß nicht bedeuten, daß einer Erweiterung nicht auch Werkzeuge folgen sollten, die Spezifikationen ausführbar machen oder die Verifikation von Klassen unterstützen. Der konventionelle Kern der Programmiersprache muß davon nicht berührt werden.

An welchen Vorbildern könnte sich eine solche Erweiterung orientieren? Die formale Spezifikation von Software ist eine Disziplin, die bisher nur geringe praktische Bedeutung hat. Ausgesprochen unausgereift sind die Versuche, den objektorientierten Ansatz in ihr zum Tragen zu bringen. Die modellbasierten Methoden wie VDM [14] und Z [15] vertragen sich in ihrer gegenwärtigen Form schlecht mit den Prinzipien der objektorientierten Programmierung. Modularität und Datenabstraktion lassen sich mit ihrer Hilfe nicht erzwingen. Dies hat seinen Grund zum einen darin, daß es in beiden Sprachen nur primitive oder konkrete Datentypen gibt, also alle nichtprimitiven Typen explizit modelliert, d. h. in der Sprache der Mengenlehre implementiert werden müssen, und zum anderen in der Abwesenheit eines syntaktischen Konstrukts, das die Sichtbarkeit von Namen begrenzen würde. Objektorientierte Varianten modellbasierter Spezifikationssprachen wie Object-Z [16] werden gegenwärtig diskutiert, doch ist noch nicht klar, ob aus diesen

Bemühungen ein signifikanter Beitrag zur Ergänzung von Eiffel resultieren wird.

Algebraische Techniken scheinen sich mit den Prinzipien der objektorientierten Programmierung besser zu vertragen. Die *Traits* von Clu/LARCH stellen das einzige mir bekannte Beispiel einer gelungenen Ergänzung einer Programmiersprache durch eine Notation zur Spezifikation von abstrakten Datentypen dar. [17] Traits charakterisieren Datenabstraktionen, indem sie Signaturen einführen und die Einschränkungen, denen die abstrakten Werte unterliegen, mittels Gleichungen zwischen Termschemata formulieren. Eine Interface-Spezifikation verbindet ein Trait mit einem Cluster, das die Abstraktion implementiert.

In diesem Zusammenhang ist es angezeigt, ein weiteres Tabu anzutasten: die Werkzeugen wie *short* zugrunde liegende Idee, daß es möglich und sinnvoll sei, Klassenschnittstellen bzw. Dokumentationen aus den Klassentexten zu destillieren. Auch dieser Ansatz stellt – wie die Zusicherungen – das angezeigte Verhältnis von Spezifikation und Implementation auf den Kopf. Zur Unabhängigkeit der Spezifikation gehört natürlich auch, daß sie als Text *vor* bzw. *getrennt* vom Klassentext vorliegen sollte. Die Idee, die Dokumentation parallel zur Spezifikation bzw. zum Klassentext zu entwickeln ist prinzipiell gut und sinnvoll, doch bräuchte es dazu mächtigerer Werkzeuge als *short*, etwa einer abgewandelten Form von WEB. [18]

Anmerkungen

[1] Ich schließe mich hier der Position von JOSEPH GOGUEN und JOSÉ MESEGUER an. Vgl. JOSEPH GOGUEN, JOSÉ MESEGUER: 'Unifying Functional, Object-Oriented and Relational Programming with Logical Semantics', in: BRUCE SHRIVER, PETER WEGNER (Hrsg.): *Research Directions in Object-Oriented Programming*, Cambridge, MA: MIT-Press, 1987, S. 417–477.

[2] BARBARA LISKOV, JOHN GUTTAG: *Abstraction and Specification in Program Development*, Cambridge, MA: MIT-Press; New York: McGraw-Hill, 1986, S. 53 f.

[3] Vgl. PIERRE AMERICA: 'A Behavioural Approach to Subtyping in Object-oriented Programming Languages', in: MAURIZIO LENZERINI, DANIELE NARDI, MARIA SIMI (Hrsg.): *Inheritance Hierarchies in Knowledge Representation and Programming Languages*, Chichester: Wiley, 1991, S. 173–190.

[4] Vgl. BERTRAND MEYER: 'Lessons from the Design of the Eiffel Libraries', in: *Communications of the ACM*, September 1990 (Bd. 33, Nr. 9), S. 75 f.

[5] Vgl. RAINER FISCHBACH: 'Type and Class', in: JENS PALSBERG, MICHAEL I. SCHWARTZBACH (Hrsg.): *Types, Inheritance and Assignments – A Collection of Papers from the ECOOP'91 Workshop W5*, Geneva, Switzerland, July 1991, Aarhus: University, Computer Science Department, Juni 1991 (DAIMI PB; 357), S. 19 f.

[6] BERTRAND MEYER: 'Lessons from the Design of the Eiffel Libraries', a. a. O., S. 72

[7] BERTRAND MEYER: 'From the bubbles to the objects', in: *Object Magazine*, November/Dezember 1991 (Bd. 1; Nr. 4), S. 38.

[8] Vgl. BERTRAND MEYER: *Object-Oriented Software Construction*, London: Prentice Hall, 1988, S. 155 f.

[9] Vgl. RAINER FISCHBACH: 'Implementing a Graph ADT in Eiffel', in: *TOOLS'89*, Proceedings, Paris 1989, S. 449–454, wo auf prädikatenlogische Formeln in Kommentarzeilen zurückgegriffen wurde.

[10] GARY T. LEAVENS, WILLIAM E. WEIHL: 'Reasoning about Object-Oriented Programs that use Subtypes', in: *ECOOP/OOPSLA '90*, Proceedings, New York: ACM-Press, 1990, S. 220 f.

[11] Ausführbare Spezifikation heißt hier natürlich, daß ein Softwarewerkzeug aus der Spezifikation eine Implementation ableiten kann und *nicht*, daß Assertions zur Laufzeit überprüft werden!

[12] Vgl. DAVID A. TURNER: 'Functional programs as executable specifications', in: C. A. R. HOARE, J. C. SHEPERDSON (Hrsg.): *Mathematical Logic and Programming Languages*, Englewood Cliffs, NJ: Prentice-Hall, 1985, S. 29–54.

[13] MEYER, *Object-Oriented Software Construction*, a. a. O., S. 156.

[14] CLIFF B. JONES: *Systematic Software Development using VDM*, 2. Aufl., London: Prentice Hall, 1990.

[15] J. M. SPIVEY: *The Z Notation: A Reference Manual*, London: Prentice Hall, 1989.

[16] ROGER DUKE, PAUL KING, GORDON ROSE, GRAEME SMITH: *The Object-Z Specification Language, Version 1*, Software Verification Centre, Department of Computer Science, The University of Queensland, 1991 (Technical Report; 91-1).

[17] Vgl. LISKOV und GUTTAG, a. a. O., S. 187 ff.

[18] WAYNE SEWELL: *Weaving a Program: Literate Programming in WEB*, New York: Van Nostrand Reinhold, 1989.

Ein LL(1)-Parser für Eiffel

Rüdiger Blach

Humboldt-Universität zu Berlin
Fachbereich 16 - Informatik
Institut für Softwaretechnik

Postfach 1297
D-O-1086 Berlin

blach@hubinf.de

Zusammenfassung

Aus der von Meyer angegebenen Syntaxbeschreibung für Eiffel wird eine Syntax in EBNF konstruiert. Diese läßt sich so umformen, daß sie den Bedingungen an LL(1)-Grammatiken genügt. Mittels einer für die Ausgabe von Quelltexten in C++ modifizierten Variante des Compilergenerators Coco/R kann nun ein laufzeiteffizienter, nach der Methode des rekursiven Abstiegs arbeitender Eiffel-Parser erzeugt werden.

Abstract

Starting with Meyers syntax description for Eiffel an EBNF syntax was constructed. This syntax was modified to a grammar which fulfils LL(1)-conditions. After that a modified version of the compiler generator Coco/R was used to generate a runtime efficient, recursive descendent parser for Eiffel in C++.

1   Motivation

Der von ISE gelieferte Compiler für Eiffel 2.3 [7] übersetzt in vier sequentiell nacheinander ablaufenden Pässen nach C. Häufig wird er wegen zu langer Übersetzungszeiten kritisiert.

Ursachen dafür lassen sich zum Teil in der Sprache selbst finden. Schließlich bietet Eiffel eine Reihe von Konzepten an, die insbesondere zur Entwicklung großer Softwareprodukte in hoher Qualität gedacht und in vielen anderen Sprachen (z.B. C) nicht vorhanden sind. Eiffel ermöglicht die Anwendung moderner softwaretechnologischer Methoden, um solche Kriterien wie Korrektheit, Wiederverwendbarkeit, Erweiterbarkeit, Effizienz und Portabilität erfüllen zu können. Es enthält als sprachliche Mittel u.a. ein Klassen- und Typkonzept, Generizität, Mehrfachvererbung, Polymorphismus, spätes Binden, Zusicherungen und eine „disziplinierte" Ausnahmebehandlung. Das Alles hat natürlich bei der Übersetzung und zur Laufzeit seinen Preis.

Trotzdem bleibt die Frage, ob durch eine veränderte Implementierungstechnik Verbesserungen zu erreichen sind. Die folgenden Untersuchungen sind als Versuch in diese Richtung zu verstehen. Es soll ein Syntaxanalysator für Eiffel konstruiert werden, der nach dem effizient implementierbaren Verfahren des rekursiven Abstiegs mit einem Symbol Vorausschau arbeitet, d.h. ein LL(1)-Parser.

Die im Eiffel-Sprachbericht [6] angegebene Grammatik genügt den LL(1)-Bedingungen nicht. Deshalb wird nach einer LL(1)-Grammatik für Eiffel gesucht, um dann mit Hilfe des Compilerbauwerkzeugs Coco/R [11] einen Scanner und einen Parser zu generieren.

Eine Analyse der statischen Semantik von Eiffel und die Generierung von Zielcode führen zu einem vollständigen Compiler, sie sind jedoch nicht Gegenstand diese Artikels.

2 Syntaxbeschreibung von Eiffel

Die Syntax von Eiffel ist durch eine kontextfreie Grammatik definiert. Sowohl Meyers Buch [9] als auch der Sprachbericht [6] [1] geben Produktionen in einer Variante des Backus–Naur–Formalismus (BNF) an. Die folgenden Abschnitte beschreiben die spezielle Form der Syntaxnotation nach Meyer (MSyn) und Möglichkeiten zu deren Überführung in EBNF.

2.1 Syntaxbeschreibung nach Meyer

Meyer schreibt **Syntaxregeln** in der Form *"Linke_Seite = Rechte_Seite"* . *Linke_Seite* ist ein **Hilfssymbol**. Jedes Hilfssymbol – mit Ausnahme der lexikalischen Hilfssymbole (z.B. Identifier) – steht auf der linken Seite genau einer Regel. *Rechte_Seite* kann eine *Liste*, eine *Auswahl* oder eine *Wiederholung* sein. Eine **Liste** ist eine nicht–leere Folge von Terminal– und Hilfssymbolen. Optionale Teile werden in eckigen Klammern geschrieben. Die verschiedenen Varianten einer **Auswahl** werden durch senkrechte Striche getrennt. Jede Variante besteht aus genau einem Symbol. Auch das syntaktische Konstrukt in einer **Wiederholung** ist genau ein Symbol. Ihm folgen ein Symbol als Separator und die Zeichenkette "...". Diese drei Teile werden in geschweifte Klammern eingeschlossen. Wenn der schließenden Klammer ein "+" folgt, dann muß die Wiederholung mindestens ein Element haben.

---

[1] Eine bereits angekündigte Sprachversion 3.0 [10] wird noch nicht berücksichtigt.

Meyers Form der **Syntaxbeschreibung** (MSyn) weist folgende für den Compilerbauer interessante Besonderheiten auf:

1. Für jedes Hilfssymbol gibt es genau eine Regel.

2. Die Regeln werden nicht durch ein spezielles Symbol abgeschlossen.

3. Die rechten Seiten der Regeln sind alle einfach, d.h. die Regeltypen (Liste, Auswahl, Wiederholung) treten nicht gemischt bzw. geschachtelt auf.

Wegen des dritten Punktes ergibt sich im Vergleich zur Notation in EBNF i.allg. eine höhere Anzahl von Syntaxregeln, die jedoch weniger komplex sind.

Das folgende Beispiel beschreibt Meyers Form der Syntaxnotation durch sich selbst [2]:

```
    Meyer_Syntax = { Regel Trennzeichen ... } +
    Trennzeichen = Leerzeichen | Zeilentrenner
           Regel = Linke_Seite "=" Rechte_Seite
     Linke_Seite = Hilfssymbol
   Rechte_Seite = Liste | Auswahl | Wiederholung
           Liste = { Teil_Liste Trennzeichen ... } +
      Teil_Liste = { Konstrukt Trennzeichen ... } +
        Konstrukt = [ "[" ] Symbol [ "]" ]
          Symbol = Terminalsymbol | Hilfssymbol
         Auswahl = { Variante "|" ... } +
        Variante = Symbol
    Wiederholung = "{" Symbol Separator "..." "}" [ "+" ]
       Separator = Symbol
```

2.2 Syntaxbeschreibung in EBNF

Da Coco/R eine an die *Erweiterte Backus-Naur Form* (EBNF) angelehnte Eingabesprache verwendet, soll die **EBNF** hier kurz eingeführt werden. Wirth definiert sie in [12] durch sich selbst etwa so

```
    EBNF_Syntax = { Produktion } .
     Produktion = Hilfsymbol "=" Ausdruck "." .
       Ausdruck = Term { "|" Term } .
           Term = Faktor { Faktor } .
         Faktor = Hilfssymbol | """ Zeichen """
                | "(" Ausdruck ")" | "[" Ausdruck "]"
                | "{" Ausdruck "}" .
```

---

[2] *Leerzeichen, Zeilentrenner, Terminalsymbol* und *Hilfssymbol* seien ihren Namen entsprechend definiert.

Dabei sind *EBNF_Syntax, Produktion, Ausdruck, Term* und *Faktor* Hilfssymbole. *Zeichen* ist ein beliebiges Zeichen (nicht notwendigerweise ein Buchstabe). Analog zu Meyers Form der Syntaxbeschreibung werden optionale Teile in eckige und Wiederholungen in geschweifte Klammern eingeschlossen. Eine besondere Kennzeichnung für nicht-leere Wiederholungen existiert nicht. Senkrechte Striche trennen die Varianten einer Auswahl. Zusätzlich können runde Klammern Symbole zu Gruppen zusammenfassen. Außerdem schließt jede Syntaxregel explizit mit einem Punkt ab. Das Mischen bzw. Schachteln von Listen, Auswahlen und Wiederholungen ist ausdrücklich erlaubt und dient der kompakten Darstellung einer Grammatik.

Von Interesse für die folgenden Untersuchungen ist die Überführung von MSyn in EBNF. Um die MSyn-Regeltypen *Liste* und *Auswahl* in EBNF umzuformen, genügt das Anfügen eines Punktes am Ende der Regel. Bei *Wiederholungen* muß die rechte Seite der Regel modifiziert werden. Zwei Fälle sind zu unterscheiden:

1. nicht-leere Wiederholungen:

```
aus        Wiederholung = { Symbol Separator ... }+
wird       Wiederholung = Symbol { Separator Symbol } .
```

2. Wiederholungen, die auch leer sein können:

```
aus        Wiederholung = { Symbol Separator ... }
wird       Wiederholung = [ Symbol { Separator Symbol } ] .
```

Somit können Grammatiken aus MSyn relativ problemlos in EBNF überführt werden. Ein für diesen Zweck geschriebenes AWK-Programm [1] ist weniger als 100 Zeilen lang.

Damit ist der konstruktive Beweis für folgenden Satz angedeutet: Zu jeder Grammatik in MSyn existiert eine Grammatik in EBNF.

Abschließend eine EBNF-Notation für Meyers Form der Syntaxbeschreibung [3]:

```
Meyer_Syntax = Regel { Trennzeichen Regel } .
Trennzeichen = Leerzeichen | Zeilentrenner .
       Regel = Linke_Seite "=" Rechte_Seite .
 Linke_Seite = Hilfssymbol .
Rechte_Seite = Liste | Auswahl | Wiederholung .
       Liste = Teil_Liste { Trennzeichen Teil_Liste } .
  Teil_Liste = Konstrukt { Trennzeichen Konstrukt } .
   Konstrukt = [ "[" ] Symbol [ "]" ] .
      Symbol = Terminalsymbol | Hilfssymbol .
     Auswahl = Variante { "|" Variante } .
    Variante = Symbol .
Wiederholung = "{" Symbol Separator "..." "}" [ "+" ] .
   Separator = Symbol .
```

---

[3]erzeugt mit oben genanntem AWK-Programm aus den MSyn-Regeln im Abschnitt 2.1

3 Konstruktion einer LL(1)-Grammatik

Das oben genannte AWK-Programm formt Meyers Syntaxbeschreibung von Eiffel (E_{MSyn}) [6] in EBNF-Syntaxregeln (E_{EBNF}) um. Damit der Compilergenerator Coco/R daraus einen Parser generieren kann, müssen die LL(1)-Eigenschaften für die erhaltene Grammatik erfüllt sein [4].

Eine Überprüfung durch Coco/R (s.u.) ermittelt 73 Verstöße gegen diese Eigenschaften. Dabei ist 55 mal ein Symbol der Anfang mehrerer Alternativen einer Regel und 18 mal ein Symbol Anfang und Nachfolger einer optionalen Struktur. Dies deutet darauf hin, daß ein mit rekursivem Abstieg arbeitender Syntaxanalysator für Meyers Eiffel-Grammatik, backtrackfähig sein sollte [5]. Backtracking ruft jedoch einen nicht unerheblichen Effizienzverlust für den Parser hervor. Deshalb soll E_{EBNF} in E^*_{EBNF} überführt werden, so daß E^*_{EBNF} den LL(1)-Bedingungen genügt.

Aus der Literatur (z.B. [3]) sind Verfahren bekannt, mit denen LL(1)-Konflikte beseitigt werden können. Der Versuch, diese Verfahren formal anzuwenden, führte jedoch im vorliegenden Fall sehr schnell zu einer unübersichtlichen Grammatik, welche die syntaktische Struktur von Eiffel eher verfremdet. Aus diesem Grund wurde E^*_{EBNF} durch einige heuristisch gefundene Änderungen aus E_{EBNF} abgeleitet.

Zunächst wurden die Regeln zur Ausdrucksanalyse modifiziert. In *„Expression"* können z.B. sowohl *„Constant"* als auch *„Call"* und *„OperatorExpression"* mit einem Bezeichner beginnen.

```
Expression = Constant | Call |
             OperatorExpression | VoidTest |
             "Current" | OldValue | Nochange .
```

In *„OperatorExpression"* können u.a. *„UnaryExpression"*, *„BinaryExpression"* und *„MultiaryExpression"* mit *„+"*, *„-"* oder *„not"* beginnen.

```
OperatorExpression = Parenthesized | UnaryExpression |
                     BinaryExpression | MultiaryExpression .
      Parenthesized = "(" Expression ")" .
     UnaryExpression = Unary Expression .
    BinaryExpression = Expression BinaryOrEquality Expression .
    BinaryOrEquality = Binary | Equality .
            Equality = "=" | "/=" .
   MultiaryExpression = Expression Multiary Expression
                        {Multiary Expression} .
                 . . .
```

---

[4]Coco/R erzeugt auch für Grammatiken mit LL(1)-Fehlern einen Parser. Dieser wählt dann jedoch im Falle mehrerer Alternativen stets die erste aus. Das ist hier nicht erwünscht.

[5]Tatsächlich erzeugt der Generator aus der Eiffel-Bibliothek backtrackfähige mit rekursivem Abstieg arbeitende Parser.

Für E^*_{EBNF} wurden deshalb die Regeln zur Ausdrucksberechnung in einer für LL(1)-Grammatiken (z.B. Oberon-Grammatik in [13]) üblichen Weise notiert:

```
Expression = LogTerm { LogAddOp LogTerm } .
 LogAddOp = "or" [ "else" ] | "xor" | "implies" .
 LogTerm = LogFactor { LogMulOp LogFactor } .
         . . .
```

Als zusätzlicher Vorteil spiegelt sich in dieser Notation auch die Priorität der Operatoren wieder. Durch die Veränderung der Regeln zur Ausdrucksanalyse in E_{EBNF} konnten bereits 54 LL(1)-Konflikte beseitigt werden.

In der Regel für *„Instruction"* können ebenfalls mehrere Alternativen mit einem Bezeichner beginnen.

```
Instruction = Creation | Forget |
              Assignment |
              ReverseAssignmentAttempt |
              Call |
              Conditional | MultiBranch | Loop |
              Debug | Check | Retry .
```

Die neue Regel *„EntityInstruction"* faßt diese Fälle zusammen und liefert eine für die rekursive Analyse geeignete Notation:

```
     Instruction = EntityInstruction |
                   Conditional | MultiBranch | Loop |
                   Debug | Check | Retry .
EntityInstruction = Entity InstructionTail .
                 . . .
  InstructionTail = CallTail
                  | ":=" AssignTail
                  | "?=" ReverseAssignAttemptTail .
                 . . .
```

In analoger Weise wurden LL(1)-Konflikte in *„IndexList"* und *„FeatureList"* beseitigt.

Um Konflikte in *„Call"*, *„Qualifier"* und *„Symbolic"* zu umgehen, wurden die Regeln zum Routinenaufruf folgendermaßen modifiziert:

E_{EBNF}

```
            Call = [Qualifier] UnqualifiedCall .
       Qualifier = Symbolic { "." Symbolic } "." .
        Symbolic = Entity | UnqualifiedCall .
 UnqualifiedCall = FeatureIdentifier [Actuals] .
```

E^*_{EBNF}

```
            Call = Symbolic { "." Symbolic } [ ".Void" ] .
        Symbolic = UnqualifiedCall | "Result" | "Current" .
 UnqualifiedCall = FeatureIdentifier [ Actuals ] .
```

Im Ergebnis entstand eine bis auf drei Ausnahmen den LL(1)-Bedingungen genügende Grammatik. Diese Ausnahmen betreffen die Regeln für *„IndexClause"*, *„AssertionClause"* und *„Variant"*, wo jeweils die optionale Struktur *„Index"* bzw. *„TagMark"* und ihr Nachfolger mit einem Bezeichner beginnen, z.B.:

```
 IndexClause = [ Index ] IndexTerms .
       Index = Identifier ":" .
  IndexTerms = IndexValue { "," IndexValue } .
  IndexValue = Identifier | ManifestConstant .
```

Hier wurde zugunsten einer übersichtlich bleibenden Regelmenge mit Hilfe von Coco/R eine spezielle Lösung gefunden (s.u.). Prinzipiell sind auch diese Konflikte lösbar.

4   Generierung eines LL(1)-Analysators

Ziel der Umwandlung von E_{MSyn} in E^*_{EBNF} war es, eine Grammatik für Eiffel zu erhalten, aus der mittels des Compilerbauwerkzeugs Coco/R ein effizient arbeitender Syntaxanalysator erzeugt werden kann. Der nächste Abschnitt beschreibt die grundsätzliche Arbeitsweise und eine Modifikation des Generators. Danach wird auf die für Coco/R aufbereitete Grammatikbeschreibung von E^*_{EBNF} eingegangen.

4.1 Arbeitsweise von Coco/R und Coco/R++

Coco/R verlangt als Eingabe eine Compilerbeschreibung, die aus einer Scannerspezifikation und einer Parserspezifikation besteht, und erzeugt daraus Quelltexte (im Original in Oberon [13]) für einen Lexik- und einen Syntaxanalysator. Diese arbeiten nach dem Verfahren des rekursiven Abstiegs mit einem Symbol Vorausschau, enthalten eine Fehlerbehandlung und einen speziellen Pufferungsmechanismus. In der Scannerspezifikation werden Mengen von Zeichen (z.B. *digit = "0123456789".*), Terminalsymbole (z.B. *number = digit { digit }* .), Pragmas, Kommentare, usw. beschrieben. Die Parserspezifikation erfolgt in Form von EBNF-Regeln. Zur Realisierung von semantischen Aktionen können Attribute und Zielsprachtexte eingefügt werden – für die Erzeugung eines Syntaxanalysators ist dies jedoch nicht erforderlich. Aus der Compilerspezifikation erzeugt Coco/R effizient arbeitende Analysatoren. Darüberhinaus werden die LL(1)-Eigenschaften der Eingabegrammatik überprüft.

Um die Portabilität der generierten Compiler-Front-Ends zu erhöhen und als Ausgangspunkt für weitere Untersuchungen zur Überführung von Eiffel nach C++ wurde Coco/R so modifiziert, daß Attribute und semantische Aktionen in der Syntax von C++ spezifiziert werden können und als Ausgabe Quelltexte in C++ entstehen. Die erhaltene Version Coco/R++ ist in [4] beschrieben.

4.2 Erzeugung des Eiffel-Parsers

Eine vollständige Compilerspezifikation für Eiffel, die als Eingabe für Coco/R++ fungiert, ist im Anhang von [5] aufgeführt. Hier soll nur auf einige Besonderheiten eingegangen werden.

Die Scannerspezifikation definiert die Symbole *„Character"*, *„StringLiteral"*, *„String"*, *„Identifier"*, *„Integer"* und *„Real"* . Lediglich die Definitionen von *„Character"* und *„StringLiteral"* sind etwas kompliziert, weil sie Escapefolgen für spezielle Zeichen berücksichtigen müssen.

In der Parserspezifikation sind die noch offen gelassenen LL(1)-Konflikte gelöst (s. Abschnitt 3). Dazu erzeugt der Scannergenerator von Coco/R++ die zusätzlichen Routinen „save_pos" und „back_up_pos". „save_pos" hebt alle notwendigen Informationen eines Zustandes des Lexikanalysators auf, um diesen Zustand später mittels „back_up_pos" wieder herstellen zu können. Mit Hilfe beider Routinen kann dann in der Parserspezifikation ein elementarer Backtrackmechanismus realisert werden. Genau das ist in den Regeln *„IndexClause"*, *„AssertionClause"* und *„Variant"* der Fall (s. [5]). Dort wird jeweils die optionale Struktur *„TagMark"* bzw. *„Index"* mit Hilfe semantischer Aktionen analysiert.

Coco/R++ generiert aus dieser Compilerspezifikation die Dateien „EiffelS.h", „EiffelP.h", „EiffelS.cpp" und „EiffelP.cpp". Diese werden gemeinsam mit weiteren von Coco/R++ bereitgestellten Headerdateien und einem Hauptprogramm vom C++ Compiler übersetzt und verbunden. Der entstandene Front-End-Compiler analysiert auf einem mit 25 MHz getakteten 386'er PC durchschnittlich 1000 Zeilen pro Sekunde.

5 Schlußfolgerungen und Ausblick

Es wurde gezeigt, daß aus Meyers Form der Syntaxbeschreibung automatisch EBNF erzeugt werden kann. Dieses Verfahren wurde auf die Eiffel-Grammatik angewendet. Die entstandene Grammatik in EBNF ließ sich mittels einiger Transformationen in eine Grammatik überführen, die bis auf drei marginale Ausnahmen den LL(1)-Bedingungen genügt. Mit einigen Erweiterungen erhält man daraus eine Compilerspezifikation für den Generator Coco/R++. Dieser generiert einen Front-End-Compiler, der nach dem Verfahren des rekursiven Abstiegs mit einem Symbol Vorausschau arbeitet. Offen gebliebene LL(1)-Konflikte können darin durch semantische Aktionen gelöst werden. Der so erhaltene Analysator arbeitet mit einer akzeptablen Geschwindigkeit.

Die Compilerspezifikation für Eiffel kann durch das Hinzufügen semantischer Aktionen als Ausgangpunkt für verschiede Werkzeuge (z.B. Formatierer, Cross-Referenzierer, Klassen-Hierarchie-Betrachter) dienen, die dann mittels Coco/R++ generiert werden können und in C++ vorliegen.

Gegenwärtig wird der Front-End-Compiler für Eiffel durch ein Back-End ergänzt, das C++ als Zielsprache generiert. Besonderes Interesse gilt dabei der Abbildung objekt-orientierter Sprachkonstrukte von Eiffel auf C++. Erste Tests zeigen, daß der damit entstehende Übersetzer wesentlich schneller arbeiten wird als der Eiffel-Compiler von ISE.

Literatur

[1] A. V. Aho, B. W. Kernighan, and P. J. Weinberger. *The AWK Programming Language*. Addison-Wesley Series in Computer Science. Addison-Wesley Publishing Company, 1988.

[2] A. V. Aho, R. Sethi, and J. D. Ullman. *COMPILERS Principles, Techniques and Tools*. Bell Telephone Laboratories, 1986.

[3] A. V. Aho, R. Sethi, and J. D. Ullman. *Compilerbau*. Addison-Wesley Publishing Company, 1988. Übersetzung von [2].

[4] R. Blach. Coco/R++: Eine Modifikation von Coco/R zur Generierung von Compiler-Front-Ends in C++. Reihe Informatik-Preprint, HUB Berlin, Fachbereich Informatik, PF 1297, O-1080 Berlin, Deutschland, 1992.

[5] R. Blach. Entwurf und Implementierung eines effizient arbeitenden Parsers für Eiffel. Reihe Informatik-Preprint, HUB Berlin, Fachbereich Informatik, PF 1297, O-1080 Berlin, Deutschland, 1992.

[6] Interactive Software Engineering Inc., 270 Storke Road Suite 7 Goleta CA 93117 USA. *Eiffel: The Language*, Aug. 1989. TR-EI-17/RM, Version 2.2.

[7] Interactive Software Engineering Inc., 270 Storke Road Suite 7 Goleta CA 93117 USA. *Eiffel: The Environment*, Aug. 1990. TR-EI-5/UM, Version 2.3.

[8] B. Meyer. *Object-oriented Software Construction*. Prentice-Hall International Inc., 1988.

[9] B. Meyer. *Objektorientierte Softwareentwicklung*. Coedition von Carl Hanser Verlag und Prentice-Hall International Inc., 1990. Übersetzung von [8].

[10] B. Meyer. *Eiffel: The Language*. Prentice-Hall, 1992. To be published.

[11] H. Mössenböck. Coco/R: A Generator for Fast Compiler Front-Ends. Report 127, ETH Zürich, Departement Informatik, ETH-Zentrum, CH-0892 Zurich, Switzerland, Feb. 1990.

[12] N. Wirth. *Compilerbau: Eine Einführung*, volume 36 of *Leitfäden der angewandten Mathematik und Mechanik LAMM*. Teubner, Stuttgart, 1977.

[13] N. Wirth. The Programming Language Oberon. Report 111, ETH Zürich, Departement Informatik, ETH-Zentrum, CH-0892 Zurich, Switzerland, Sept. 1989.

Entwurf und prototypische Implementierung eines Klassenbrowsers für Eiffel

Wolfgang Strunk

Technische Universität Berlin
Fachbereich 20 - Informatik
Institut für Angewandte Informatik
Fachgebiet Softwaretechnik

Franklinstr. 28/29
1000 Berlin 10

ws@opal.cs.tu-berlin.de

Zusammenfassung

Das vorliegende Papier beschreibt Ansätze zur Entwicklung eines neuen Klassenbrowsers für die Programmiersprache Eiffel, die in einer prototypischen Implementierung auch erprobt wurden. Besonderer Wert wurde hierbei auf eine Benutzungsschnittstelle gelegt, die die direkte Manipulation des bearbeiteten Materials mit Hilfe von Zeigehandlungen ermöglicht. Der Entwurf wird protokolliert, indem grundsätzliche Entwurfsentscheidungen diskutiert und wesentliche Entwicklungsschritte aufgeführt werden.

Abstract

Design and Prototypical Implementation of a Class Browser for Eiffel

This paper describes approaches for developing a new class browser for the Eiffel programming language, which have been tested in a prototypical implementation. Particular attention was paid here to the user-interface component, which allows direct manipulation of the material by means of pointer actions. The design of the class browser is documented by discussion of basic design decisions and the listing of major development steps.

1   Einleitung

Die Motivation für die Entwicklung des Klassenbrowsers entstand aus der Erfahrung in der Benutzung der existierenden Eiffel-Werkzeuge und im Umgang mit den Eiffel-Klassenbibliotheken. Der **Abschnitt 2** erläutert zuerst die Handhabung des bearbeiteten Materiales.

Anschließend werden im **Abschnitt 2.2** sowohl der Klassenbrowser *eb*, als auch der Klassenbrowser *good* beschrieben. Diese haben einen verschieden großen, im Falle von *eb* sogar ausreichenden, Funktionsumfang, verfügen aber beide über eine schlecht handhabbare Benutzungsschnittstelle. So erhält der Benutzer bei *good* trotz grafischer Darstellung und Bedienung mit der Maus nie das Gefühl, das Material direkt zu bearbeiten. [1]

Der Entwurf (**Abschnitt 3**) wird protokolliert, indem grundsätzliche Entwurfsentscheidungen diskutiert und wesentliche Entwicklungsschritte aufgeführt werden.

2 Anforderungen

Zur Beschreibung der Anforderungen wird als erstes herausgearbeitet, wie ein Klassenbrowser bei der Wiederverwendung von Klassen eingesetzt wird und wie die wiederverwendeten Komponenten klassifiziert werden können. Der herausgearbeitete Umgang mit dem Material verlangt eine kritische Auseinandersetzung mit den bestehenden Klassenbrowsern. Aus dem Umgang, vor allem mit *good*, ergeben sich Anforderungen, die dann tabellarisch aufgeführt werden.

2.1 Der Umgang mit dem bearbeiteten Material

Eine der größten Schwierigkeiten beim Erlernen einer neuen Programmiersprache oder dem Neueinstieg in ein laufendes Projekt ist, daß der Entwickler sich in die bestehende Software einarbeiten muß. Ohne ein entsprechendes Werkzeug wird er vieles, das es im System schon gibt und worauf er eigentlich Zugriff hätte, nocheinmal erfinden. Bei der Entwicklung von Programmsystemen mit einer objektorientierten Programmiersprache muß der Programmierer also sehr gut mit der vorhandenen Klassenbibliothek umgehen können, um möglichst viel vorhandenen Code wiedverwenden zu können.

Wie findet ein Programmierer, der ein bestimmtes Problem zu lösen hat, heraus, auf welche bereits vorhandenen Klassen er seine Lösung aufbauen kann? Es muß ein Konzept zur Klassifikation von Softwarekomponenten vorliegen, entweder auf der Basis verbindlicher Gegenstandskataloge oder auch der Vergabe freier Schlagworte. Da jeder Benutzer eigene Vorstellungen von einer Komponente hat, ist es wichtig, diese Klassifikation nicht der Komponente als Eigenschaft zuzuordnen, sondern sie als eine Sicht des Benutzers auf das Material zu speichern.

Das Werkzeug stellt kein festes Schema für die Klassifikation von Komponenten zur Verfügung. Vielmehr erlaubt es, Schlüsselwörter zur Charakterisierung der Komponenteneigenschaften anzugeben und Bezeichner zur Unterscheidung von Komponenten festzulegen.

Die Komponenten eines Softwaresystems können weiter strukturiert werden. Beispielsweise gehören Dokumentation und Code einer Komponente zusammen, es ist aber sinnvoll, sie auf zwei Dateien zu verteilen. Ein Werkzeug zur Bearbeitung von Software-Komponenten muß die Teilung des Materiales transparent machen. Es muß dem Benutzer alle Teile einer Komponente zur Verfügung stellen können und ihm Möglichkeiten bieten, einen Filter anzulegen, der nur Komponenten einer bestimmten Art darstellt. Andererseits muß auch auf die Komponente als Ganzes zugegriffen werden können.

2.2 Good — Bad — Better ?

Ein Klassenbrowser ist ein Werkzeug, mit dessen Hilfe man etwas durchsuchen kann. Geht man von diesem Begriff aus, so ist nicht Sinn eines Klassenbrowsers, Material zu verändern, sondern nur, es darzustellen, es sichtbarzumachen. Im Gegensatz dazu sind die Klassenbrowser der Smalltalk-80 Programmier-

---

[1] Die Forderung, daß ein Werkzeug der direkten Manipulation dienen soll, ergibt sich aus dem Werkzeug-Begriff, den ich bei der Entwicklung von *Softwarewerkzeugen* zugrundelege. Dieser erleichtert dem Benutzer die Bedienung des Werkzeuges und führt zu einem besseren Verständnis über das bearbeitete Material. Der Benutzer wird in die Lage versetzt, es einfacher, selbstverständlicher zu handhaben. Ausführlich erläutert wird dieser Werkzeugbegriff in [Budde and Züllighoven, 1990].

umgebung [2] auch zum Verändern vorhandener Klassen gedacht. Auch mit dem Eiffel-Klassenbrowser *eb* kann man neue Klassen erzeugen und vorhandene Klassen verändern.

Das in einem Klassenbrowser darzustellende Material kann auf zwei Arten dargestellt werden :

- in reiner Textform (der Klassenbrowser **eb** ist auf diese Weise realisiert)

- in Form von grafischen Symbolen dargestellt (wie bei **good**).

Der hier entwickelte Klassenbrowser benutzt die grafische Darstellung, weil sich so die Beziehungen (use, inherit) zwischen verschiedenen Klassen visualisieren lassen.

Der Klassenbrowser eb

Der Klassenbrowser *eb* ist ein interaktives Werkzeug, das für die Arbeit an zeichenorientierten Bildschirmen entwickelt wurde. Der Klassenbrowser verfügt über zwei Fenster, in denen das bearbeitete Material dargestellt wird. Die Interaktionstechnik des *eb* basiert auf Menüs, in denen über die Eingabe von Zeichen und Nummern Kommandos ausgewählt werden können. Man kann ein Eiffel-System mit Hilfe von *eb* in drei Hierarchieebenen bearbeiten, die sich auf jeweils kleinere Teile des Systems beziehen, und die sich auch in dem Menüsystem wiederfinden.

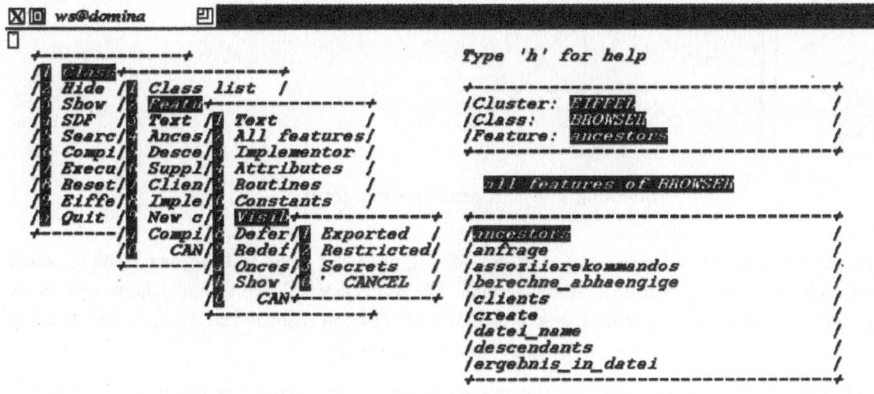

Abbildung 1: Darstellung des bearbeiteten Materials in **eb**

Die beim eb gewählte Darstellungsart für die Vererbung halte ich nicht für adäquat, da bei einer großen Zahl von Klasse nicht alle gleichzeitig gezeigt werden können und da nur Klassen sichtbar sind, die das Ergebnis der zuletzt gewählten Aktion sind. Das bedeutet, daß man die Zusammenhänge zwischen den Klassen nur noch schlecht erkennen kann.

Der grafische Klassenbrowser good

Good ist ein grafischer Klassenbrowser. Er ist dafür entworfen, sich Informationen über alle Klassen des Universums zu verschaffen. Dafür wird das *Universum* als eine Liste von Klassen und jede einzelne Klasse als ein Kreis dargestellt (siehe Abbildung 2). Es können die beiden Beziehungstypen *erbt* und *benutzt* dargestellt werden.

Das gelingt aber nur teilweise, weil die Arbeitsfläche beschränkt ist und die Funktionen zum Filtern der Informationsmenge nicht ausreichend sind. Wie schon in Abbildung 2 zu sehen ist, kann der sichtbare Ausschnitt nicht verschoben werden, es existieren keine „Scrollbars", die den unteren Bildschirmbereich

---

[2]in [Goldberg, 1984], Kapitel 11 „Modifying Existing Class Descriptions"

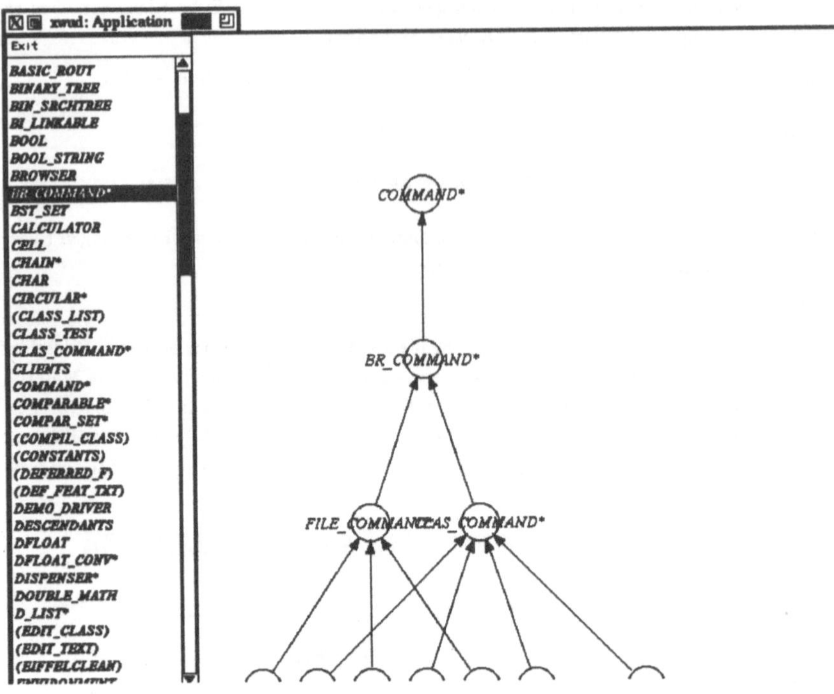

Abbildung 2: Der Klassenbrowser **good**

sichtbar machen können. Stattdessen muß man den Mittelpunkt der Arbeitsfläche neu wählen, wobei zwangsläufig andere Informationen unsichtbar werden. Die andere Möglichkeit, eine Klasse einzeln zu verschieben, ist zwar vorhanden, aber nicht durch direktes Verschieben realisierbar. Stattdessen sind drei Handlungen notwendig, um die Klasse an die neue Position zu bringen.

Weiterhin ist es nicht möglich, einzelne der angezeigten Klassen „unsichtbar" zu machen. Es gibt eine Operation „Hide Others", die alle Klassen, außer der gewählten von der Arbeitsfläche entfernt. Man kann mit Hilfe von good also nicht einen Ausschnitt mit einer gewählten Menge von Klassen darstellen.

Dieser Mangel wird auch bei der Auswahl einer Klasse aus der am linken Fensterrand dargestellten Liste deutlich. Nach der Auswahl werden alle anderen Klassen von der Arbeitsfläche entfernt und die gewählte Klasse wird im Mittelpunkt der Arbeitsfläche dargestellt. Der Benutzer wird aber an keiner Stelle vor diesem destruktiven Seiteneffekt gewarnt und er kann ihn auch nicht rückgängig machen.

Für ein Werkzeug, das von jedem Entwickler ständig benutzt werden muß, sowohl zum Kennenlernen der Bibliotheken als auch bei der täglichen Arbeit, hat *good* noch einen weiteren wesentlichen Mangel – es ist nicht möglich, einen benutzerspezifischen Blickwinkel auf die benutzten Klassen abzuspeichern und sich somit eine eigene Arbeitsumgebung zu schaffen. Zudem muß der Entwickler den Klassenbrowser wieder verlassen, um mit dem vorhanden Material arbeiten zu können, es zu verändern oder neues hinzuzufügen. Erst durch die Verwendung eines grafischen Arbeitsplatzes wird es möglich, sich grafische und textuelle Information gleichzeitig anzusehen, bzw. Klassen in einem Editorfenster zu verändern. Durch Verwendung verschiedener Fenster, in denen die einzelnen Applikationen ablaufen nimmt man aber gleichzeitig in Kauf, daß ein Werkzeug nichts von der Materialveränderung durch das andere weiß. Das kann zu Versionskonflikten führen, so daß man den Klassenbrowser verlassen und erneut starten muß, um den aktuellen Zustand anzuzeigen.

Weiterhin sortiert *good* das benutzte Universum alphabetisch. Die Aufteilung aller Klassen, die über Benutzung oder Vererbung zu einer Applikation gehören, in die verschiedenen Cluster ist dabei nicht mehr sichtbar. Meyer selbst hat das Konzept der Cluster eingeführt, bietet aber keinerlei Werkzeug, mit diesen auch umzugehen.

Auch für das reine Ansehen kann man sich noch weitere Möglichkeiten wünschen. Einige dieser Möglichkeiten sind im Klassenbrowser eb realisiert, wurden aber in good weggelassen. So sollte es z.B. möglich sein, herauszufinden welche Features einer Klasse in welchen anderen Klassen benutzt werden. Es wäre auch sinnvoll darstellen zu können, welche Klassen Features gleichen Namens haben, wo Umbenennungen oder Redefinitionen stattfinden, oder auch in welcher Klasse **deferred** Features enthalten sind und wo diese dann spezifiziert werden.

2.3 Zusammenfassung der ermittelten Anforderungen

Hier folgt noch einmal eine tabellarische Zusammenfassung der ermittelten Anforderungen:

- der Klassenbrowser soll den Umgang mit der Klassenbibliothek erleichtern, deshalb müssen sowohl

    - die Klassenhierarchie, also die Erbt-Beziehungen als auch
    - Ist-Kunde-Beziehung dargestellt werden können

- der Benutzer muß entscheiden können, welche Klassen er darstellen, welche er „verstecken" möchte

- der Benutzer muß sich seine eingestellte Sicht auf eine Klasse abspeichern und wiedereinlesen können

- die Schnittstelle einer Klasse muß angezeigt werden können (short, flat_short)

- der Klassentext muß eingesehen werden können (flat, cat)

- er muß eine Dokumentation zu einer Klasse anlegen und ansehen können

- der Benutzer muß neue Klassen anlegen können

- er muß Klassen aus dem Klassenbrowser heraus kompilieren können (wenigstens die neu erzeugten)

- ein Universum muß nach Stichworten durchsuchbar sein

- der Benutzer muß selbst Stichworte festlegen können

- die Aufteilung des Universums in Cluster und der Klassen auf die Cluster muß sichtbar sein

- die Position einer Klasse im Dateisystem muß feststellbar sein (Cluster und Dateiname)

- man muß feststellen können,

    - welche Klassen ein bestimmtes Feature besitzen
    - welche Features eine bestimmte Klasse besitzt
    - wo ein Feature implementiert ist
    - wie ein Feature implementiert ist

3 Entwurf und Implementierung

Der Entwurf des Klassenbrowsers wird durch drei Eigenschaften der zugrundegelegten Software bestimmt:

- Applikationen, die mit dem OSF/Motif Toolkit geschrieben werden, sind in eine Interaktions- und eine Funktionskomponente getrennt.

- Die Eiffel-Klassenbibliothek verfügt über die Klassen `e_class`, `universe` und `e_info`, die den größten Teil der Funktionalität des Klassenbrowsers eb realisieren.

- Eiffel verfügt mit der Klasse `storable` über einen einfachen Mechanismus zum permanenten Abspeichern der momentan existierenden Objekte mit ihren Objektzuständen.

Diese Vorgaben führten zu einer strikten Trennung der Interaktions- und der Funktionskomponente, sowohl bezogen auf logische Zusammenhänge als auch im Hinblick auf die gewählte Programmiersprache. Die Interaktionskomponente ist in der Programmiersprache C, die Funktionskomponente in Eiffel entworfen worden. Als Bindeglied dienen ein C-Modul und eine Eiffel-Klasse.

3.1 Die Interaktionskomponente

Die Benutzungsschnittstelle des entworfenen Eiffel Klassenbrowsers orientiert sich in vielen Punkten an der des Klassenbrowsers good. Dabei ist aber darauf geachtet worden, daß dem Benutzer der Eindruck der direkten Manipulation des dargestellten Materiales vermittelt wird. Die Benutzungsschnittstelle wurde außerdem dadurch geprägt, daß der Klassenbrowser in eine bestehende Softwareentwicklungsumgebung integriert werden soll. Deshalb müssen die gleichen Konzepte wie beim Entwurf der anderen Werkzeuge dieser Umgebung realisiert werden, um die Erwartungen des Benutzers in Bezug auf die Funktionalität einzelner Elemente der Schnittstelle zu erfüllen.

Das Grundgerüst ergab sich jedoch aus den Vorgaben durch das OSF/Motif Toolkit (siehe [OSF, 1990]). Wie bei good basiert die Benutzungschnittstelle also auf X-Windows. Statt der Verwendung von Grafikprimitiven werden also die standardisierten vordefinierten Widgets eingesetzt.

Die Entscheidung dafür, überhaupt eine grafische Benutzungsschnittstelle zu entwerfen, fiel in erster Linie, weil die übliche Darstellung der Klassenbeziehungen, auf miteinander durch Pfeile verbundenen Kreisen basiert, wie auch in [Meyer, 1990] und in [Meyer, 1989]. Dem Benutzer sollte nicht zugemutet werden, sich eine andere Darstellungsweise aneignen zu müssen.

3.1.1 Direkte Manipulation

Der Begriff der „*direkten Manipulation* " wird in [Hutchins et al., 1986] definiert. Er beschreibt auf Seiten der Benutzungsschnittstelle die Realisierung dessen, was in [Budde and Züllighoven, 1990] als Forderungen an ein Werkzeug festgelegt wurden:

- Das mit dem Werkzeug bearbeitete Material muß jederzeit sichtbar sein.

- Der Benutzer muß das Gefühl bekommen, direkt mit dem Material umzugehen.

- Operationen sollen möglichst einfach und miteinander kombinierbar sein. Dabei darf es keine unsichtbaren, die weitere Arbeit beinflussenden Seiteneffekte geben.

Bei der Entwicklung des Klassenbrowsers wurde Wert darauf gelegt, die Welt des Benutzers nachzubilden [3], so daß der Benutzer das Gefühl bekommt, er würde wirklich die einzelnen Klassen bearbeiten. Dazu

---

[3] [Hutchins et al., 1986] Seite 94, „model world metaphor"

werden als zentrale Elemente der Benutzungsschnittstelle die Klassen als Knoten auf einer Arbeitsfläche dargestellt. Alle Operationen auf einer Klasse können durch Zeigehandlungen mit der Maus durchgeführt werden.

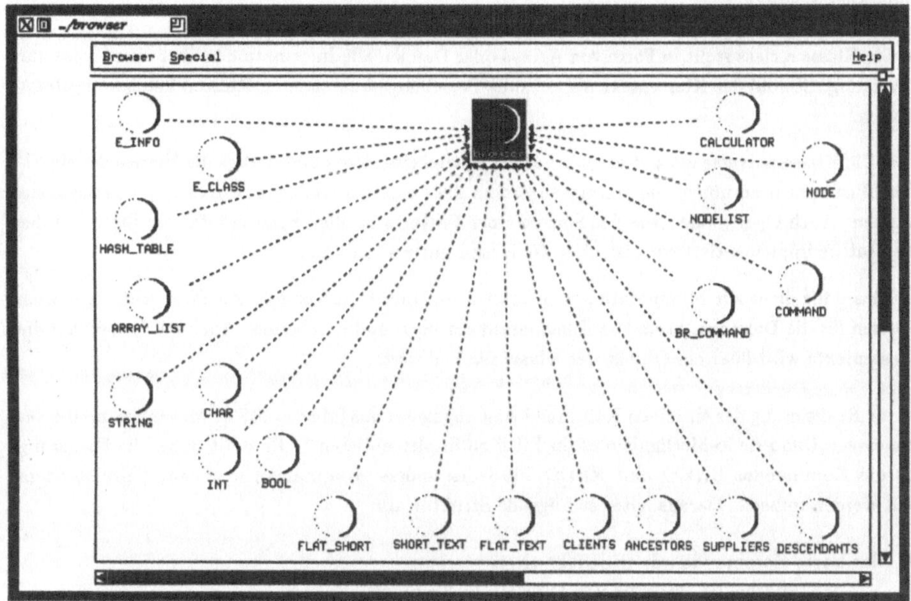

Abbildung 3: Die Arbeitsfläche

Es gibt für jeden Knoten drei Arten von Zeigehandlungen

- Knoten verschieben

- Operation auf dem Knoten ausführen

- Ansehen des Klassentextes

Die Verbindungen zwischen den Klassen werden durch gerichtete Kanten dargestellt. Hierbei repräsentieren

- gestrichelte Linien die Ist-Kunde-Beziehung,

- durchgezogene Linien die Erbt-Beziehung.

Die einzige Zeigehandlung für Kanten ist ihre Entfernung vom Bildschirm.

Die Darstellung des Universums und der Cluster erfolgt an der linken Bildschirmseite in einer Liste. Die Klassen sind hierbei innerhalb der Cluster alphabetisch sortiert. Die Darstellung der Klassen eines Clusters kann durch Drücken der rechten Maustaste verborgen und wiedereingestellt werden. Alle Operationen auf der Klassenliste beeinflussen nicht die auf der Arbeitsfläche dargestellten Klassen.

Die Menüleiste bietet Operationen, die das gesamte dargestellte Material betreffen. Hier kann man die eingestellte Einstellung abspeichern, eine abgespeicherte Einstellung wieder einlesen und den Klassenbrowser verlassen.

3.2 Die Funktionskomponente

Bei der Erstellung der Funktionskomponente habe ich mich im wesentlichen auf folgende Klassen der Eiffel-Bibliothek gestützt:

e_class Die Klasse e_class stellt in Form von Arrays oder Dateien alle Informationen über eine Klasse zur Verfügung. Sowohl der Klassentext als auch die Beziehungen zu anderen Klassen können abgefragt werden.

universe Die Klasse universe erlaubt es, eine `.eiffel` Datei einzulesen und daraus die Namen der einzelnen Cluster zu bekommen. Sie verfügt außerdem über eine Liste aller im Universum existierenden Klassen. Auch Operationen wie das Suchen eines Features in allen Klassen oder der Stelle, an der ein Feature implementiert wird ist über die Klasse universe möglich.

file Die Klasse file dient zur Manipulation von Dateien im Unix Dateisystem. Mit ihrer Hilfe kann man Dateien für die Dokumentation von Eiffelklassen erzeugen und bearbeiten. Auch der Zugriff auf die Klassentexte wird über ein Objekt der Klasse file realisiert.

Die Idee zur Realisierung der einzelnen Kommandos ist abgeleitet aus [Meyer, 1990]. Meyer beschreibt das Problem, einen „Undo-Redo-Mechanismus" in Eiffel zu implementieren [4]. Er stellt dabei die Forderung auf, daß die Kommandos UNDO und REDO wie jedes andere Kommando in seinem Beispielsystem behandelt werden müssen. Daraus leitet er folgende Struktur ab:

> **if** „das letzte Kommando war INSERT" **then**
> „mache die Wirkung von INSERT rückgängig"
> **elsif** „das letzte Kommando war DELETE" **then**
> „mache die Wirkung von DELETE rückgängig"
> usw.

Das ist genau die Struktur, die auch ich in meinem ersten Lösungsansatz entwickelt hatte. Sie ist schlecht für die Erweiterbarkeit des Systems. Bei jedem neuen Kommando muß die Struktur geändert werden; weiterhin muß in jedem einzelnen Zweig viel Wissen darüber vorliegen, was das einzelne Kommando macht, welche Nebenbedingungen die Ausführung beeinflussen.

Die von Meyer vorgeschlagene Lösung ist die des „Kommandos als Klasse". Man kann das vorgestellte Problem als eine Datenabstraktion, die Klasse `COMMAND`,charakterisieren. Der Weg dorthin ist die Erkenntnis, daß ein Kommando nicht nur aus der Ausführung eines Befehls besteht, sondern daß es weitere Attribute für ein Kommando gibt.

Meyer definiert die Klasse `COMMAND` folgendermaßen:

```
deferred class COMMAND export
        execute, undo
feature
        execute is deferred end; - do ist in Eiffel ein
                                - reserviertes Wort
        undo is deferred end;
end - class COMMAND
```

---

[4] [Meyer, 1990], Seiten 308-312

Diese Idee aufgreifend definiere ich ebenfalls eine Reihe von Kommandoklassen, die zueinander in einer Erbt-Beziehung stehen. Die Klasse **command** ist eine *aufgeschobene* („*deferred* ") Klasse. Jeder Kommandotyp wird durch einen Nachkommen dieser Klasse dargestellt. Erst Klassen, die nicht mehr aufgeschoben sind, sind solche, die einem Feature der Klasse **e_class** entsprechen. In diesen Klassen muß dann das Feature **execute** ausprogrammiert sein.

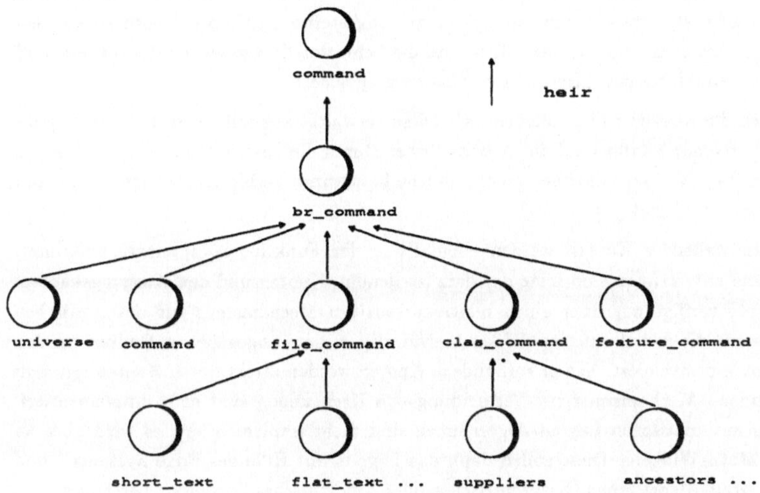

Abbildung 4: Klassenhierarchie der Kommandoklassen

Durch diese Art der Realisierung ergibt sich ein einfaches Modell der Kommandoauswahl. Es muß zur Laufzeit einmal ein Objekt von jeder Klasse, die ein ausführbares Kommando darstellt, erzeugt werden. Dann generiert man eine Struktur, die einem Kommandonamen jeweils ein Objekt der entsprechenden Kommandoklasse zuordnet. Diese initialisiert man dann mit den vorgesehenen Kommandonamen.

```
...
    Kommandoliste : HASH_TABLE[COMMAND,STRING];
...


-- Objekte aller m\"oglichen Kommando Klassen
    flat : FLAT_TEXT;
    suppliers : SUPPLIERS,
...
feature
    AssoziiereKommandos is
            -- zuordnen eines Strings, der dann von C angegeben werden kann,
            -- zu einem Kommando der Klasse e_class
        require
        local
        do
            flat.Create;
            Kommandoliste.put(flat,"flat");
            suppliers.Create;
            Kommandoliste.put(suppliers,"suppliers");
            -- ...
        ensure
        end; -- AssoziiereKommandos
```

Über den angegebenen Kommandonamen kann man jetzt auf Objekte der einzelnen Kommandoklassen zugreifen. Änderungen sind weiterhin für jedes neue Kommando bei der Initialisierung der Struktur notwendig, aber alle Vor- und Nachbedingungen für ein bestimmtes Kommando werden jetzt in der zugehörigen Klasse aufbewahrt.

Zusätzlich zu den Kommandos der Klasse e_class muß die Funktionskomponente die dargestellten Knoten und Kanten verwalten. Dies zum einen wichtig, um festzustellen ob ein darzustellender Knoten schon auf dem Bildschirm zu sehen ist, zum anderen, um später die eingestellte Sicht abspeichern zu können. Hierzu wird in der Klasse **browser**, die auf der Eiffel-Seite die Schnittstelle zwischen Interaktions- und Funktionskomponente ist, eine Liste der dargestellten Klassen gespeichert.

Die Knoten werden durch die Klasse **node** implementiert. Diese verwaltet alle mit einem Knoten verbundenen Kanten, die Position eines Knotens auf der Arbeitsfläche. Durch die Speicherung der verbundenen Kanten kann ein Knoten Informationen darüber geben, ob eine bestimmte Verbindung zu einem anderen Knoten schon realisiert ist oder nicht.

Die Positionen neu darzustellender Knoten werden ebenfalls in der Funktionskomponente berechnet. Dazu bekommt die Klasse **calculator** eine Liste der darzustellenden Knoten und den Ausgangsknoten. Die Funktionskomponente verfügt nur über einen relativ primitiven Mechanismus zur automatischen Positionierung der Klassen: die neuen Knoten werden kreisförmig in dem angegebenen Radius um den schon existierenden Knoten positioniert. Schon vorhandene Knoten werden direkt durch Kanten mit dem Ausgangsknoten verbunden. Mechanismen zur Vermeidung von Kreuzungen sind nicht implementiert. Die hierzu notwendigen automatischen Layout-Algorithmen sind nicht implementiert, es wird aber an einer Veränderung der Motif-Widgets. Diese sollen dann das Layout mit Hilfe des Edge Systems [5] und der darin realisierten Layout-Algorithmen (baryzentrisches oder topologisches Sortieren) berechnen.

Die Funktionskomponente realisiert auch das Abspeichern der vom Benutzer eingestellten Sicht. Es gibt den sehr einfachen Mechanismus der Klasse **storable**, die es erlaubt, ein Objekt mit allen Attributen zu speichern, wenn das Objekt storable ist. Zu diesem Zweck erbt die Klasse **browser** von der Klasse **storable**, so daß der **browser** mit allen definierten Objekten als ganzes gespeichert werden kann.

4 Ausblick

Das entworfene und implementierte Werkzeug „Klassenbrowser für die Programmiersprache Eiffel" läßt sicherlich noch etliche Wünsche offen.

Von den erarbeiteten Anforderungen sind drei bei diesem Entwurf nicht realisert worden:

- Es ist weiterhin nicht möglich, zu einer Klasse eine separate Dokumentationsdatei anzulegen, die durch den Klassenbrowser mit ihr verknüpft ist.

- Der Benutzer kann mit dem entwickelten Werkzeug noch nicht eigene Schlagworte – eine eigene Klassifikation – für eine Klasse festlegen.

- Man kann mit dem Browser eine bestehende Klassenhierarchie nicht in der Art abändern, daß für existierende Klassen neue Oberklassen festgelegt werden.

Die Realisierung wird zu dem Problem führen, daß man sich eine neue Speicherstruktur für die abzuspeichernden Klassen überlegt. Diese muß so gewählt sein, daß der Benutzer weiterhin, wenn er das Werkzeug benutzt, grundsätzlich nur mit Komponenten arbeitet. Die physischen Eigenschaften und die Dateinamen werden vor ihm verborgen.

---

[5] [Paulisch, 1991]

Ein Lösungsansatz hierfür wäre der folgende:
Eine Komponentenbeschreibung besteht aus der vom Benutzer angegebenen Klassifikation und einer Dateibeschreibung. Die Dateibeschreibung setzt sich dann aus folgenden Informationen zusammen :

- dem Pfadnamen,

- dem Dateinamen,

- einem Verweis auf eine andere Komponente.

Durch die Aufnahme eines Verweises auf andere Komponenten wird es dann sowohl möglich, Komponenten aus mehreren Teilen zusammenzusetzen, als auch ein komplettes System als eine Komponente zu betrachten. Außerdem hat man dadurch die Möglichkeit auch Teilkomponenten wiederzuverwenden, da diese für sich betrachtet wieder Komponenten sind.

Man muß sich im Zusammenhang mit der Speicherstruktur auch Gedanken darüber machen, ob die in der Klasse **node** gespeicherten Informationen nicht besser in einer Erweiterung der Klasse **e_class** untergebracht werden könnten, da für jede Klasse des Universums sowieso ein Objekt der Klasse **e_class** angelegt wird.

Ob man diese und ähnliche Fragen weiterverfolgen muß, wird sich feststellen lassen, wenn der entwickelte Klassenbrowser im Einsatz ist. Naturgemäß ergeben sich erst dabei weiter Anforderungen und es wird auch dann erst deutlich, ob Verbesserungen des Laufzeitverhaltens notwendig sind oder die implementierten Funktionen zu umständlich zu handhaben sind.

Literatur

[Budde and Züllighoven, 1990] Budde, R. and Züllighoven, H. (1990). *Software-Werkzeuge in einer Programmierwerkstatt*. Promotion, Technische Universität Berlin, Berlin.

[Goldberg, 1984] Goldberg, A. (1984). *Smalltalk-80, The Interactive Programming Environment*. Addison-Wesley series in Computer Science. Addison-Wesley Publishing Company, Menlo Park, California.

[Hutchins et al., 1986] Hutchins, E. L., Hollan, J. D., and Norman, D. A. (1986). Direct Manipulation Interfaces. In Norman, D. A. and Draper, S. W., editors, *User Centered System Design, New Perspectives on Human-Computer Interaction*, pages 87–123, London. Lawrence Erlbaum Associates.

[Meyer, 1989] Meyer, B. (1989). Eiffel: The Language. Technical Report TR-EI-17/RM, Interactive Sofware Engineering Inc., Goleta CA. Version 2.2.

[Meyer, 1990] Meyer, B. (1990). *Objektorientierte Softwareentwicklung*. Hanser – Prentice Hall, Wien – London.

[OSF, 1990] OSF (1990). *OSF/Motif Programmer's Guide*. Prentice Hall, Englewood Cliffs, New Jersey. Revision 1.0.

[Paulisch, 1991] Paulisch, F. N. (1991). *The design of an extendible graph editor*. Promotion, Universität Karlsruhe, Karlsruhe.

Ein *User Interface Management System* für Eiffel

Dirk Bäumer

RWG

Heilbronner Str. 41
D-W-7000 Stuttgart 10

Horst Lichter

Universität Stuttgart

Breitwiesenstr. 20/22
D-W-7000 Stuttgart 80

Zusammenfassung
Dieser Beitrag beschreibt, wie eine Programmierschnittstelle, basierend auf dem MVC-Konzept, zwischen Eiffel und dem X-Window-System konzipiert und realisiert werden kann. Dazu werden zwei denkbare Lösungsalternativen diskutiert. Aufbauend auf dieser Schnittstelle wird ein User Interface Management System vorgestellt, daß es erlaubt, interaktiv Benutzerschnittstellen für Eiffel-Anwendungen zu konstruieren. Die Handhabung dieses Werkzeugs wird an einem Beispiel demonstriert.

Abstract
The first part of this paper describes a MVC-based programming interface between Eiffel and the X-Window-System. We discuss two possible approaches and explain our implementation. In the second part we present a User Interface Management System depending on the Eiffel-X-Interface. A complete example shows how to use this tool to construct user interfaces of Eiffel-Applications.

1. Motivation

Das Eiffel-System der Version 2.3 besitzt standardmäßig keine Anbindung an eine der Programmierschnittstellen des X-Window-Systems (X-WS)[0]. Es wird zwar eine Grafikbibliothek mitgeliefert, die unter X11/Release 4 nutzbar ist, diese implementiert allerdings mithilfe der Xlib-Funktionen ein eigenes "Look&Feel" (siehe Eiffel 1990). Dies hat zur Konsequenz, daß sich Oberflächen, die mit Eiffel entwickelt werden, anders präsentieren und verhalten als normale X-Toolkit Oberflächen. Das ist ein Widerspruch zur Forderung, daß die Oberflächen verschiedener Anwendungen ein homogenes Verhalten (gleiche Aktionen bewirken gleiche Reaktionen) und ein einheitliches Erscheinungsbild haben sollen. Zudem hat die mitgelieferte Grafikbibliothek, wie aus Greitmann (1990) zu entnehmen ist, Fehler bei der Implementierung der Menüs.

---

[0] Das X-WS stellt die in C realisierten Programmierschnittstellen Xlib und X-Toolkit bereit. Der Aufbau der einzelnen Schichten im X-WS und deren Handhabung wird in dieser Arbeit nicht erläutert. Das X-WS wird detailliert in O'Reilly (1990) beschrieben.

Aus diesen Gründen wurde eine Schnittstelle zwischen Eiffel und der Zusammenfassung des X-Toolkits mit dem Athena Widget Set (X-AW) realisiert. Auf der Basis dieser Schnittstelle wurde ein *User Interface Management System* (UIMS) entwickelt, mit dem ohne großen Aufwand interaktiv Oberflächen für Eiffel-Programme entworfen werden können. Ziel dieser beiden Aktiväten war es, Konzepte für eine Schnittstelle zwischen der objektorientierten Sprache Eiffel und dem in C implementierten X-AW sowie für das darauf basierende UIMS zu entwickeln und prototypisch zu realisieren. Dieser Artikel faßt die wesentlichen Ergebnisse zusammen, die dabei erzielt wurden. Eine detaillierte Beschreibung, sowohl der Schnittstelle als auch des UIMS, ist in Bäumer (1991) enthalten.

In Abschnitt 2 wird die Schnittstelle zwischen Eiffel und X-AW beschrieben, Abschnitt 3 stellt die Konzeption und die Werkzeuge des UIMS dar, in Abschnitt 4 wird anhand eines Beispiels gezeigt, wie mit dem UIMS eine Oberfläche erzeugt wird, Abschnitt 5 enthält unsere Erfahrungen und unsere abschließende Bewertung.

2. Konzeption der Schnittstelle zwischen Eiffel und X-AW

Zuerst wird der Teil der Schnittstelle erläutert, der ausschließlich für das Erscheinungsbild (Layout) einer Oberfläche verantwortlich ist, anschließend wird dargelegt, welche Konzepte die Schnittstelle für die Modellierung des dynamischen Verhaltens einer Oberfläche anbietet.

2.1 Das Erscheinungsbild einer Oberfläche

Zum Erscheinungsbild einer Oberfläche gehören u.a. Angaben über die Größe eines Fensters, über dessen Plazierung sowie über die Unterfenster, die in einem Fenster enthalten sind. Das X-AW stellt eine Menge sogenannter *Widgets* zur Verfügung, um das Layout einer Oberfläche zu realisieren[1]. Ein Widget definiert eine bestimmte Art eines Fensters, dessen Aussehen und Verhalten (Beispiele sind das Text- oder das List-Widget). Eine Schnittstelle zwischen X-AW und Eiffel kann grundsätzlich auf folgende Arten realisiert werden:

Lösungsvorschlag 1: Eine direkte Anbindung von X-AW an Eiffel

Die Grundidee bei diesem Ansatz besteht darin, bei Bedarf irgendeiner Funktion des X-AW jeweils den entsprechenden C-Aufruf in das Eiffel-Programm einzubinden. Dieser Ansatz führt jedoch zu den folgenden Problemen:

- Damit Daten zwischen einem Eiffel-Programm und den X-AW Funktionen ausgetauscht werden können, müssen Eiffel-Objekte in entsprechende C-Objekte konvertiert werden und umgekehrt. Eine allgemeine Konvertierungsroutine zwischen Eiffel und C ist jedoch nicht vorhanden.

- Das resultierende Anwendungsprogramm besteht zum Teil aus sehr inhomogenem nur schwer wartbarem Code, da sehr häufig zwischen C-Funktionen und Eiffel-Routinen gewechselt wird.

---

[1] Da jeglicher Versuch scheiterte, den Begriff *Widget* ins Deutsche zu übersetzen, verwenden wir nachfolgend das englische Original.

Lösungsvorschlag 2: Die Kapselung der X-AW Funktionen

Hierbei werden möglichst kleine logische Einheiten (z.B. Fonts, Texte, Fenster, usw.) des X-AW durch entsprechende Eiffel-Klassen gekapselt. Es ergeben sich folgende Vorteile:

- In den Klassen können spezielle Typkonvertierungsregeln vereinbart werden.

- Dem Benutzer der Schnittstelle werden ausschließlich Eiffel-Klassen zur Verfügung gestellt. Er muß selbst keine C-Funktionsaufrufe in sein Programm einbauen. Diese sind in den Eiffel-Klassen der Schnittstelle gekapselt. Modifikationen werden nur in diesen Klassen notwendig.

Der erste Lösungsansatz wurde aufgrund der beschriebenen Nachteile verworfen. Die Schnittstelle wurde entsprechend dem zweiten Lösungsansatz realisiert. Dazu wurde der Widget-Baum des X-AW in entsprechende Eiffel-Klassen abgebildet. Zusätzlich mußten Eiffel-Klassen entwickelt werden, die Konstanten zur Verfügung stellen, die von den Widget-Klassen benötigt werden, und Klassen, die widget-abhängige Datentypen realisieren.

Nachfolgend werden die wesentlichen Widget-Klassen, die in Eiffel zur Gestaltung der Oberfläche zu Verfügung stehen, vorgestellt:

- *Applicationshell-Widget*: Es ist das Oberfester jeder Anwendung.

- *Box-Widget*: Ordnet seine Unterfenster so dicht wie möglich in nicht überlappenden Reihen und/oder Spalten an.

- *Form-Widget*: Die Position seiner Unterfenster kann individuell angegeben werden.

- *Viewport-Widget*: Verwaltet eine ausschnittsweise Sicht auf ein Fenster, die mithilfe von Rollbalken änderbar ist.

- *Paned-Widget:* In einem·Paned-Widget kann die Größe der darin enthaltenen Unterfenster mithilfe eines Schiebers wahlfei verändert werden.

- *Label-Widget*: Es stellt einen konstanten Text in einem Fenster dar.

- *List-Widget*: Es zeigt eine Menge von Zeichenketten in einer Zeilen- Spaltendarstellung. Aus dieser Menge kann interaktiv ein Element ausgewählt werden.

- *Text-Widget*: Es repräsentiert einen Texteditor mit der üblichen Funktionalität.

Mithilfe dieser Schnittstellen-Klassen kann das Erscheinungsbild einer Oberfläche gestaltet werden, es ist jedoch noch nicht möglich, Reaktionen auf Benutzereingaben mittels Maus oder Tastatur im Anwendungsprogramm zu realisieren.

2.2 Das dynamische Verhalten einer Oberfläche

Eine Verbindung zwischen Oberfläche und Anwendungsprogramm wird mittels der *ereignis–gesteuerten Programmierung* erzielt. Diese Art der Programmierung führt dazu, daß nicht das Programm bestimmt, was der Benutzer wann und wo "tun" kann, sondern daß der Benutzer entscheiden kann, welche der angebotenen Funktionen er ausführen möchte. Die vom Benutzer ausgelösten Ereignisse steuern somit den Programmablauf.

Um diese Strategie zu realisieren, müssen im Anwendungsprogramm Reaktionen für die vorgesehenen Ereignisse (Aktionen) definiert werden. Eine Reaktion wird aktiviert, wenn der Benutzer oder das System das dazu korrespondierende Ereignis auslöst. Die technische Realisierung solcher Reaktionen geschieht in einer prozeduralen Programmiersprache, und damit auch im X-AW, mithilfe von Prozeduren. Diese Realisierungstechnik kann jedoch nicht auf die Sprache Eiffel übertragen werden. In Eiffel müssen die Reaktionen als Routinen einer speziell dafür vorgesehenen Klasse implementiert werden.

Im folgenden wird erläutert, in welcher Verbindung diese "Reaktion-Klasse" zu den restlichen Klassen der Oberfläche und zu den Klassen des Anwendungsprogramms selbst steht und welche Daten diese Klasse kapselt. Zu diesem Zweck wird nachfolgend das MVC-Konstruktionsprinzip für interaktive Anwendungen, wie es in der Smalltalk-80-Programmierumgebung implementiert ist, erläutert und die Konsequenzen daraus für die Entwicklung der Schnittstelle Eiffel-X-AW vorgestellt.

2.3 Die MVC-Architektur interaktiver Anwendungen

Alle interaktiven Anwendungen mit Smalltalk-80 werden nach der **MVC**-Architektur realisiert (siehe Krasner 1988, Pinson 1988). Eine Anwendung besteht aus drei Komponenten: aus der **Model**-Komponente, der **View**-Komponente und aus der **Controller**-Komponente.[2]

Die einzelnen Komponenten haben folgende Eigenschaften und Funktionen:

Model: Die Model-Komponente repräsentiert die Daten der Anwendung, die auf dem Bildschirm visualisiert werden sollen. Sie besitzt keinerlei Kenntnis darüber, wie die Daten dargestellt und dargestellte Daten interaktiv manipuliert werden. Eine Model-Komponente kann von mehreren View-Controller-Komponenten visualisiert werden.

View: Die View-Komponente visualisiert die Daten, die ihm die Model-Komponente bereitstellt, an der Oberfläche.

Controller: Die Controller-Komponente verarbeitet die Interaktion der Benutzers mit dem Anwendungsprogramm. Sie nimmt Ereignisse entgegen, die mit Maus und Tastatur ausgelöst werden, und führt die Reaktionen in der Model- und/oder der View-Komponente durch.

View- und Controller-Komponente bilden ein Paar, das genau auf eine spezielle Model-Komponente abgestimmt ist. Soll ein bestehendes View-Controller-Paar für eine andere Model-Komponente wiederverwendet werden, so müssen entsprechende Unterklassen der View- und Controller-Klassen gebildet werden. Dies führt zu einer "Explosion" im Baum der View- und Controller-Klassen, da für jede neue Anwendung neue View- und Controller-Klassen angelegt werden müssen.

Dieses Problem wurde durch die Konstruktion der sogenannten *steckbaren Fenster* (pluggable view) gelöst. Die dadurch entstandenen View- und Controller-Klassen werden nicht durch Unterklassenbildung, sondern durch Parametrisierung mit einer Model-Komponenten wiederverwendet. Durch die Parametrisierung werden jedoch die Aufgaben zwischen Model-, View- und Controller-Komponente anders verteilt:

View: Die View-Komponente visualisiert weiterhin die Daten der Anwendung. Sie wird mit der Nachricht parametrisiert, die sie an die Model-Komponente sendet, um die darzustellenden Daten zu erhalten.

Controller: Die Controller-Komponente erkennt nur noch die Interaktionen des Benutzers und stößt die entsprechende Reaktion auf ein Ereignis in der Model-Komponente an.

---

[2]Die Begriffe Model, View und Controller werden nicht übersetzt und in ihrer englischen Schreibweise benutzt.

Die Controller-Komponente wird zu diesem Zweck mit der Reaktions-Methode parametrisiert, die in der Model-Komponente realisiert ist.

Model: Die Model-Komponente empfängt Nachrichten von der Controller-Komponente, wenn diese ein Ereignis erkennt. Sie speichert weiterhin interne Informationen über die View- und Controller-Komponente, die für die Interaktion notwendig sind (z.B. welches Element in einem Listenfenster aktuell selektiert ist).

Es stellt sich nun die Frage, ob die Model-Komponente zusätzlich zu den Informationen, die für die Interaktion gebraucht werden, auch noch die Daten der Anwendung selbst enthalten sollte.

Ein Architekturvorschlag für die Konstruktion von interaktiven Anwendungen, der eine saubere Trennung von Interaktions- und Funktionsteil anbietet, ist in der seitlichen Abbildung zu sehen. Er basiert auf den Arbeiten von Budde/Züllighoven (1990) und Sylla (1991).

Die Model-Komponente gehört vollständig zum Interaktionsteil einer Anwendung. Sie enthält keine Daten der Anwendung mehr, sondern besitzt eine definierte Schnittstelle zur Werk–zeugkomponente. Diese stellt die Funktionalität der Anwendung bereit und basiert auf den eigentlichen Daten der Anwendung (Program–miermaterial).

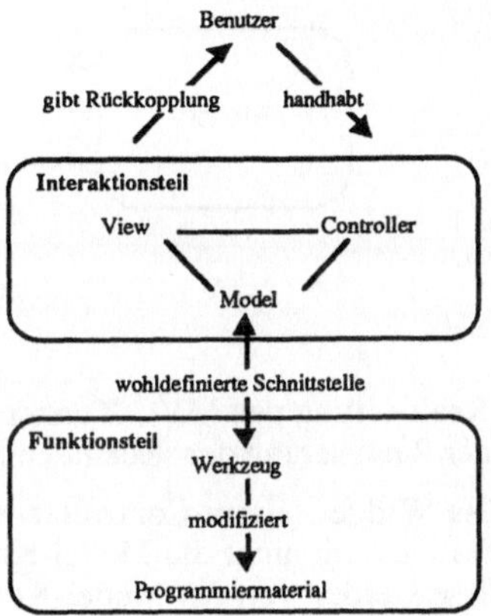

2.4 Ein MVC-Konzept für Eiffel

Das MVC-Konzept für Eiffel, basierend auf dem X-AW, wurde nach dem Vorbild der steckbaren Fenster und dem beschriebenen Architekturvorschlag konstruiert. Dazu wurde ein spezieller Model-Baukasten in Form von Eiffel-Klassen entwickelt. Dieser bietet Teilmodelle an, die zu einem Gesamtmodell zusammengesetzt werden können. Jedes dieser Teilmodelle kann dabei einen bestimmten Interaktionstyp kontrollieren (z.B. das ListModel) oder es stellt oft benötigte Reaktionen auf eine Interaktion des Benutzers zur Verfügung (z.B. das ShellModel). Die realisierten Model-Klassen in Eiffel sind in der folgenden Abbildung dargestellt.

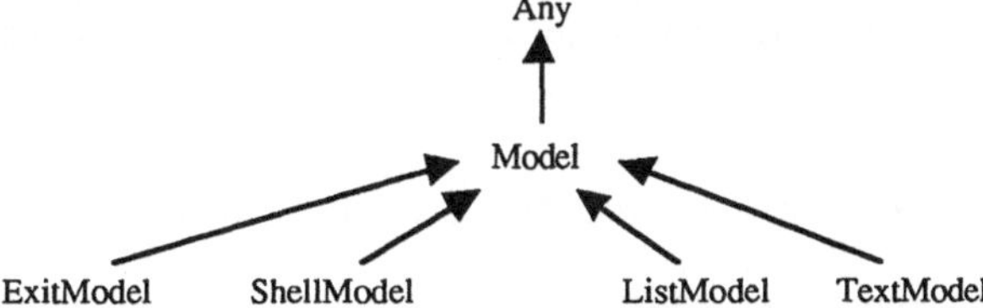

- *Model*: Ist die abstrakte Oberklasse aller Model-Klassen.

- *ExitModel*: Stellt Reaktionen zur Verfügung, um eine interaktive Anwendung zu beenden.

- *ShellModel*: Implementiert Reaktionen, um das Oberfenster einer Anwendung und seine Menüs zu kontrollieren.

- *ListModel*: Es stellt grundlegende Methoden breit, um eine Liste, die in einem List-Widget dargestellt wird, zu ändern.

- *TextModel*: Es stellt grundlegende Methoden breit, um einen Text, der in einem Text-Widget dargestellt wird, zu ändern.

Das View-Controller-Paar der MVC-Impementierung in Smalltalk-80 entspricht einem Widget. Die Widgets des X-AW sind durch Eiffel-Widget-Klassen gekapselt. Durch die Aktionen, die bereits im X-Toolkit definiert sind und mithilfe der vorhandenen Makrosprache steht ein sehr mächtiger Mechanismus zur Verfügung, um die Controller-Komponente, die in einem Widget enthalten ist, bzgl. der vorgesehenen Ereignisse zu konfigurieren. Die folgende Abbildung verdeutlicht den Zusammenhang zwischen Model- und Widget-Komponente des MVC-Konzepts für Eiffel.

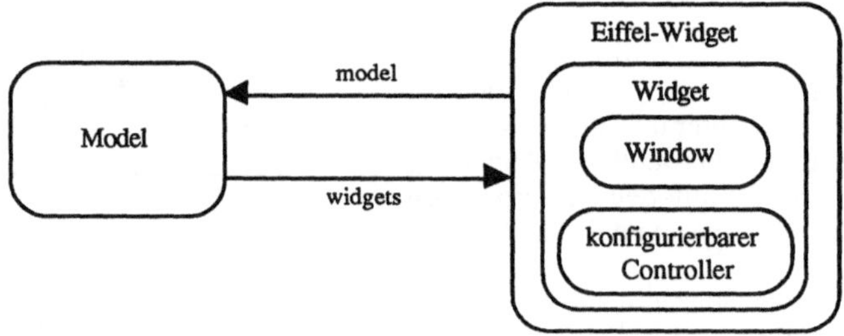

Die Realisierung des MVC-Konzepts für Eiffel unterscheidet sich in folgenden Punkten von der Realisierung der steckbaren Fenster im Smalltalk-80:

- Das Widget (View-Controller-Komponente) fragt im Gegensatz zur Smalltalk-80-Realisierung nicht die Model-Komponente nach den darzustellenden Daten, sondern diese werden von der Model-Komponente in das Widget gesetzt. Diese Strategie war möglich, weil jedes Widget eine eindeutige Kennung besitzt, über die es von der Model-Komponente referiert werden kann.

- Ein eigener Mechanismus, um Änderungen der Darstellung über verschiedene Teilfenster einer Oberfläche zu propagieren (z.B. die Selektion in einem Listenfenster soll eine Veränderung in einem Textfenster nach sich ziehen), wurde nicht implementiert. Dieses sogenannte changed-update-Verhalten wurde durch das Zusammenspiel der Teilmodelle erzielt.

- Pro Anwendungsprogramm gibt es genau eine Model-Komponente. Diese kann aber aus beliebig vielen Teilmodell-Komponenten zusammengesetzt sein. Obwohl es in Smalltalk-80 möglich ist, mehrere Model-Komponenten pro Anwendung zu benutzen, zeigen Untersuchungen des Quellcodes bestehender Anwendungsprogramme (Browser, Debugger, usw.), daß in der Praxis immer nur eine Model-Komponente benutzt wird.

3. Ein UIMS für Anwendungsprogramme in Eiffel

Um die Leistungsfähigkeit der realisierten Schnittstelle zu prüfen, wurde ein UIMS in Eiffel entwickelt, mit dem interaktiv Oberflächen, basierend auf der erstellten Schnittstelle Eiffel-X-AW, konstruiert werden können.

Folgende Ziele wurden bei der Entwicklung des UIMS angestrebt:

- Es soll eine möglichst komfortable Werkzeugunterstützung bieten.

- Die Werkzeuge des UIMS sollen so konzipiert sein, daß sie möglichst unabhängig von der Programmiersprache sind, in der die Oberfläche und die Model-Komponente implementiert wird. Die einzige Randbedingung ist, daß die Oberfläche nach dem MVC-Konzept in einer objektorientierten Sprache realisiert wird. Diese Bedingung erfüllt die entwickelte Schnittstelle Eiffel-X-AW.

Folgende Aktivitäten werden durch das UIMS maschinell unterstützt :

• Die interaktive Definition des Erscheinungsbilds der Fenster einer Oberfläche.

• Die interaktive Definition von Aktionen, die in einem Fenster ausgelöst werden können, und die Angabe einer Reaktion in der Model-Komponente auf eine Aktion.

• Die Implementierung der Oberfläche und der Model-Komponenten.

Für diese Aktivitäten wurden die folgenden Werkzeuge konzipiert: ein *Layout-Builder*, ein *Model-Builder*, ein *Connect-Sheet* und ein *Compiler* für die Code-Generierung. Zusätzlich wurde eine Reihe abstrakter Beschreibungsformen entwickelt, um eine definierte Schnittstelle zwischen den Werkzeugen zu schaffen und um benötigte Informationen für die Werkzeuge darzustellen. Eine detaillierte Darstellung der einzelnen Komponenten des UIMS und ihr Zusammenhang ist in der nachfolgenden Abbildung dargestellt.

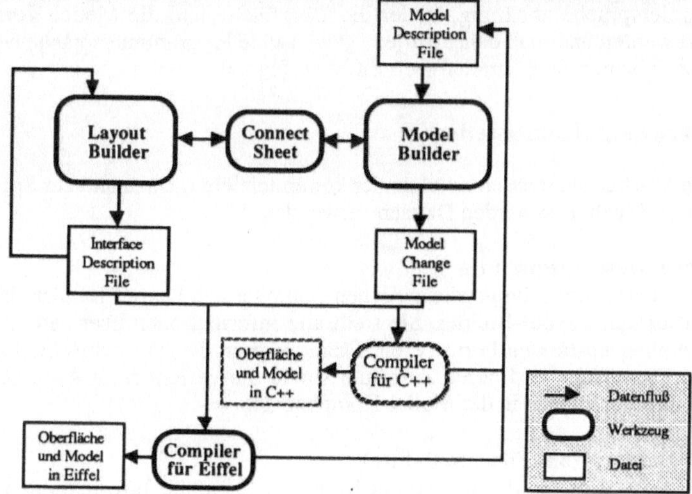

3.1 Die Werkzeuge des UIMS

Der Layout-Builder

Mit diesem interaktiven Werkzeug wird das Erscheinungsbild der Oberfläche gestaltet. Dazu wird die folgende Funktionalität angeboten:

• Hinzufügen und Löschen eines Fensters der Oberfläche

• Ein interaktives Werkzeug, mit dem die Attribute eines Fensters geändert werden können.

• Ein interaktives Werkzeug, mit dem die Position eines Fensters innerhalb seines Vaterfensters geändert werden kann.

• Eine WYSIWYG-Darstellung der Oberfläche.

Der Model-Builder

Dieses interaktive Werkzeug wird verwendet, um die Model-Komponente des Interaktionsteils zu entwickeln. Hierfür ist folgende Funktionalität vorhanden:

- Es können Reaktionen vereinbart, codiert und gelöscht werden.

- Es können die in dem Model-Baukasten angebotenen Teilmodelle zur Model-Komponente der Anwendung zusammengesetzt werden.

Der Connect-Sheet

Der Connect-Sheet ist ein interaktives Werkzeug, mit dem definierte Reaktionen aus dem Model-Builder in den Layout-Builder übernommen werden können. Dazu bietet er die Möglichkeit, Benutzeraktionen für ein Fenster zu definieren, an die anschließend definierte Reaktionen aus dem Model-Builder geknüpft werden können. Dieses Werkzeug existiert für jedes Fenster einer Oberfläche.

Der Compiler

Der Compiler übersetzt die entwickelte Oberfläche und die Model-Komponente. Er ist von der Programmiersprache abhängig, in der die Oberfläche und die Model-Komponente implementiert werden und muß daher für jede gewünschte Programmiersprache neu erstellt werden. Zur Zeit ist nur ein Compiler nach Eiffel verfügbar.

3.2 Die Werkzeug-Schnittstellen

Die einzelnen Werkzeuge müssen miteinander kommunizieren. Dazu und zur Speicherung der produzierten Ergebnisse werden Dateien verwendet.

Das Interface Description File
Diese Datei ist sowohl die Schnittstelle zwischen Compiler und Layout-Builder als auch die Eingabedatei für den Layout-Builder. Sie stellt alle Informationen über den Aufbau der Oberfläche in einer abstrakten Form bereit. Dazu gehören der hierarchische Aufbau der Fenster einer Oberfläche und deren Attribute sowie die vereinbarten Aktionen in den Fenstern und ihre Reaktionen in der Model-Komponente.

Das Model Description File (MD-File)
Diese Datei ist die Eingabe für den Model-Builder und enthält Informationen über die Oberklassen der Model-Klasse und über die Reaktionen, die in der Model-Komponente definiert sind.

Das Model Change File (MC-File)
Das MC-File ist das Bindeglied zwischen Model-Builder und Compiler. Diese Datei wird benötigt, weil die Model-Klasse nicht nur Methoden für die Reaktionen, sondern auch "normale" Methoden enthält, die per Hand, d.h. mithilfe eines Editors, erstellt wurden. Würde die Model-Klasse nur aus den Informationen des MD-Files erzeugt, so würden diese Methoden jedesmal verloren gehen, da das MD-File keine Informationen über diese benutzerdefinierten Methoden besitzt.

4. Ein Beispiel für die Anwendung der Werkzeuge des UIMS

Es ist immer unbefriedigend, die Arbeitsweise eines interaktiven Werkzeugs textuell zu beschreiben. Trotzdem möchten wir nachfolgend versuchen, einen Eindruck zu vermitteln, wie eine Oberfläche mit den Werkzeugen des UIMS interaktiv erzeugt wird. Zu diesem

Zweck wird die Oberfläche für einen einfachen Eiffel-Browser entworfen, der analog zum Smalltalk-80-Browser aufgebaut ist. Die Oberfläche soll eine Menü-Leiste zeigen, sowie drei Listen-Fenster, in denen die Eiffel-Cluster, die einzelnen Klassen eines Clusters und die einzelnen Attribute oder Routinen einer Klasse angezeigt werden sollen. Zusätzlich soll ein Textfenster vorhanden sein, in dem der Code einer selektierten Routine angezeigt werden soll. Die "fertige" Oberfläche, die mit dem UIMS erstellt wurde, hat folgendes Aussehen. Wir werden nachfolgend die wesentlichen Schritte dazu beschreiben. Das Beispiel ist ausführlich in Bäumer (1991) enthalten.

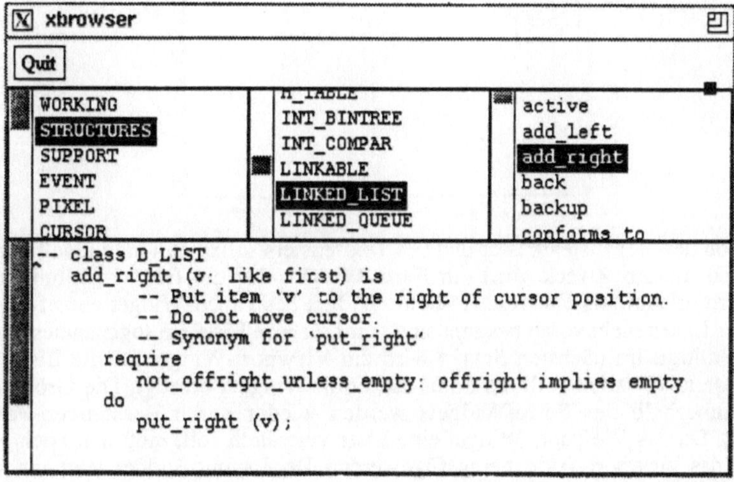

4.1 Entwurf des Layouts für den Eiffel-Browser

Um die Teilfenster der Oberfläche zu erzeugen, wird, nachdem der Layout-Builder gestartet wurde, ein Paned-Widget kreiert indem aus dem Hauptmenü des Layout-Builders der Eintrag *add widget* ausgewählt wird. Daraufhin erscheint ein Fenster, in dem alle zur Zeit verfügbaren Widgets angezeigt werden. Das Paned-Widget wird ausgewählt und erzeugt.

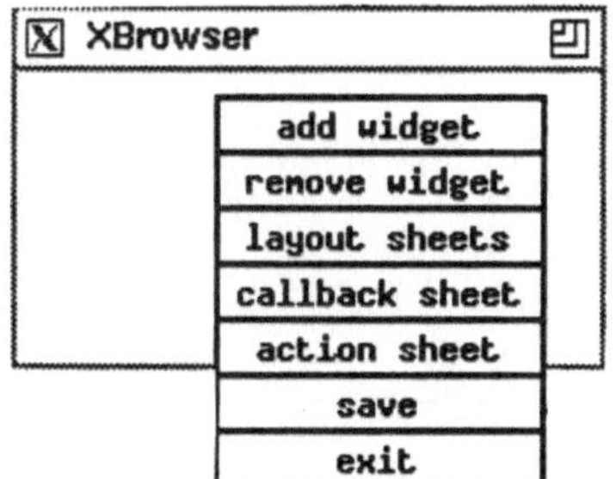

Als Menü-Leiste selbst wird ein Box-Widget verwendet, in das die einzelnen Knöpfe für die Menü-Einträge eingefügt werden können. Dazu wird ein Box-Widget als Sohn-Widget des bereits vorhandenen Paned-Widgets erzeugt. Der Quit-Knopf der Menü-Leiste wird durch ein Label-Widget realisiert, das in das Box-Widget eingefügt wird[3]. Dazu müssen die Attribute des Label-Widgets (wie Größe des Knopfes, dargestellter Text oder die angezeigte Schriftart) gesetzt werden. Dies geschieht mithilfe von *Ressourcen-Formularen*, die für jeden Widget-Typ zur Verfügung stehen. Nachdem das Label-Widget erzeugt wurde, zeigt der Layout-Builder die folgende Oberfläche.

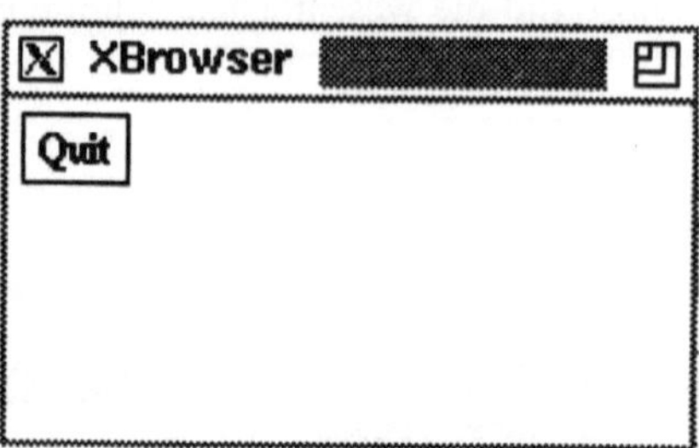

Die Position der drei Listenfenster und des Textfensters sollen nun individuell angegeben werden. Zu diesem Zweck wird ein Form-Widget, das die freie Positionierung von Teilfenstern erlaubt, als ein weiteres Sohn-Widget des Paned-Widget eingefügt. Da die Größen der Listen nicht vorab bekannt sind, wird für jede Liste ein sogenanntes Viewport-Widget benötigt. Im nächsten Schritt wird ein Viewport-Widget für die Liste, die die Eiffel-Cluster verwalten soll, als Sohn des Form-Widgets erzeugt. Die Größe und die Position innerhalb des Form-Widgets werden wieder durch Ressourcen-Formulare eingestellt. Da das Viewport-Widget eine Liste verwalten soll, muß nun noch ein List-Widget in das Viewport-Widget eingefügt werden. Der Layout-Builder zeigt nun folgende Oberfläche.

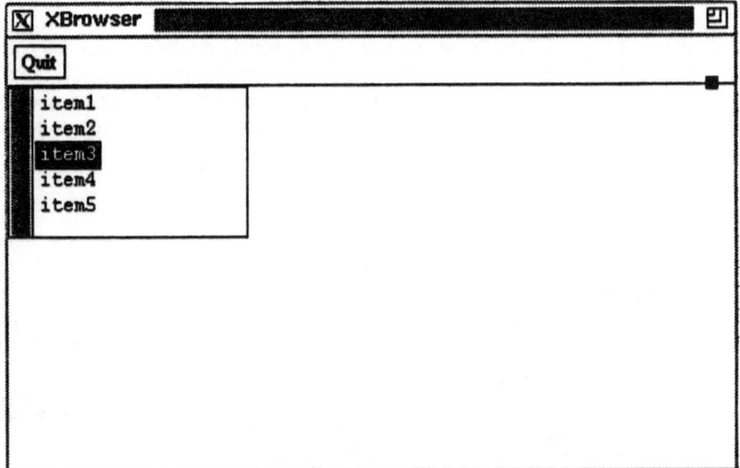

---

[3] Das Label-Widget wird verwendet, damit nachfolgend gezeigt werden kann, wie eine Reaktion an ein Widget gekoppelt werden kann. Ein Command-Widget würde die geforderte Funktionaliät direkt bereitstellen.

Um die zwei noch fehlenden Listenfenster auf der Oberfläche zu positionieren, werden die eben beschriebenen Schritte für jedes Fenster wiederholt. Es werden lediglich andere Positionen für die Listenfenster in den entsprechenden Ressourcen-Formularen eingetragen. Anschließend wird folgende Oberfläche angezeigt:

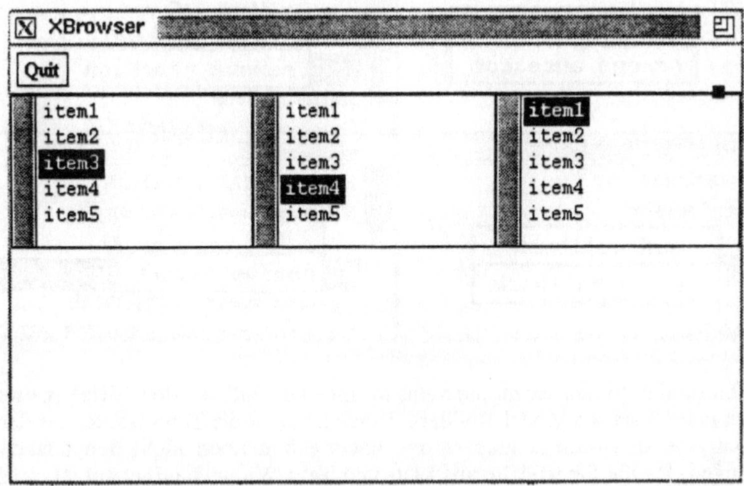

Nun fehlt nur noch das Textfenster, mit dem der Programmcode der Methoden und der Attribute angezeigt werden soll. Dazu wird ein Text-Widget als Sohn-Widget des Form-Widgets eingefügt und die Ressourcen des Textfensters, wie Schriftart, Schriftgröße, Höhe und Breite gesetzt. Damit ist das Layout des Eiffel-Browsers fertiggestellt.

4.2 Die Model-Komponente des Eiffel-Browsers

Der Model-Builder zeigt, nachdem er gestartet wurde, vier Teilfenster mit je einem eigenen Menü. Die einzelnen Teilfenster haben folgenden Zweck:

Teilmodelle: In ihm wird der Aufbau der Model-Komponente aus Teilmodellen dargestellt.

Reaktionen: In ihm werden die vorhandene Reaktionen aufgelistet.

Rückrufe: In ihm sind sie vorhandenen Rückrufe (Callbacks) zu sehen.

Klienten: Zeigt die optionalen Argumente, die bei der Deklaration eines Rückrufs angegeben werden können.

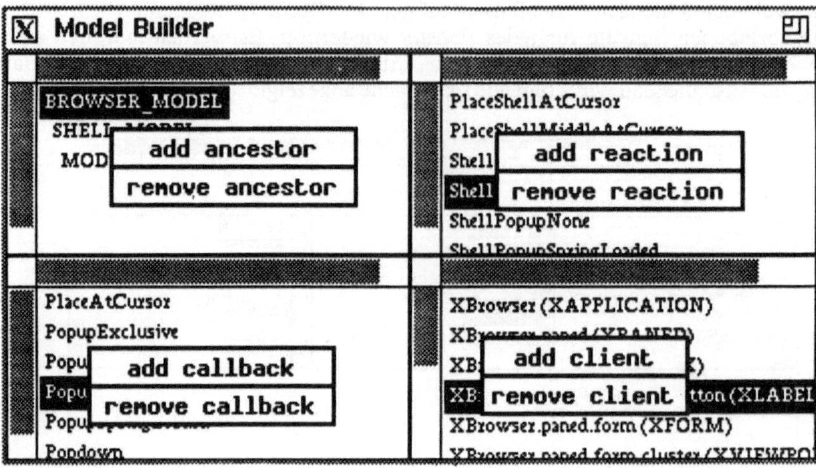

Eine Schablone der Model-Komponenten, in unserem Fall für den Eiffel-Browser, ist automatisch beim Start des Model-Builders vorhanden. Nur die Teilmodelle, aus denen die Model-Komponente zusammengesetzt ist, entsprechen noch nicht den tatsächlichen Anforderungen. Da die Oberfläche aus List- und Text-Widgets aufgebaut ist, müssen in der Model-Komponente auch die dazu entsprechenden Teilmodelle, das List- und das Text-Model, vorhanden sein. Mit dem Menü-Eintrag *add ancestor* werden das Text-, das List- und das Exit-Model, das für den Quit-Knopf benötigt wird, als Teilmodelle der Model-Komponente eingetragen.

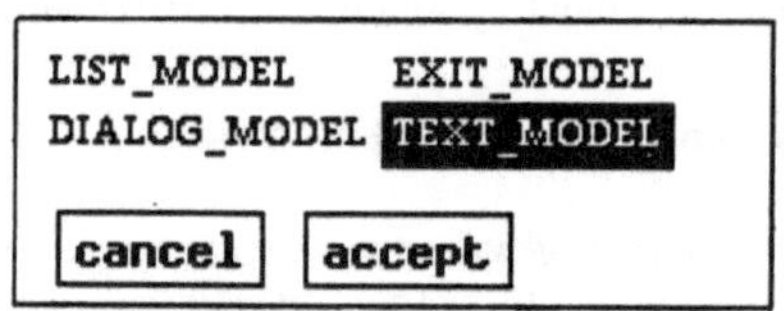

Als nächstes wird an den Quit-Knopf eine Reaktion gebunden, die, wenn dieser mit der Maus selektiert wird, den Eiffel-Browser beenden soll. Dazu wird aus dem Hauptmenü des Layout-Builders der Eintrag *action sheet* ausgewählt. Daraufhin erscheint ein *Aktions-Reaktionsformular*.

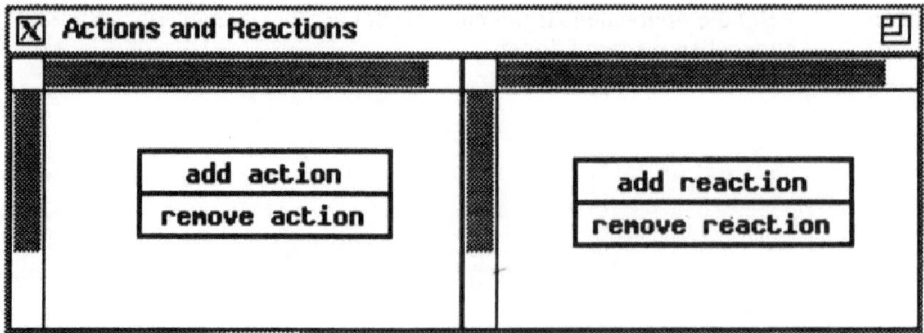

Mithilfe der Funktion *add action* wird die vorgesehene Aktion in der Makrosprache des X-Toolkits formuliert. Diese Aktion ist anschließend im Aktions-Reaktionsformular zu sehen und wird mit der vordefinierten Reaktion *exit_reaction* verbunden.

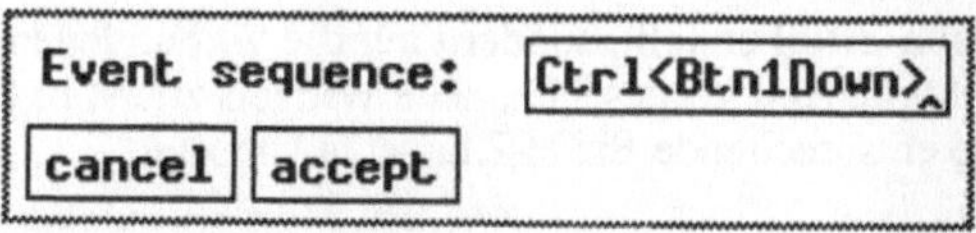

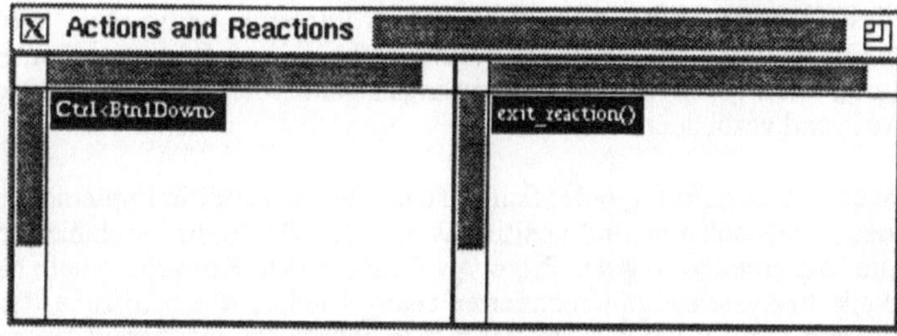

Was noch fehlt, ist die Deklaration der Rückrufe, die, nachdem ein Element aus einer Liste selektiert wurde, eine Änderung in den nachfolgenden Listen- und dem Textfenster bewirken. Dies geschieht analog zur Definition eines Aktions-Reaktions-Paares. Da allerdings der Aktionsteil bei einem Rückruf im Widget bereits vorgegeben ist, entfällt dessen Definition.

4.3 Generieren der Oberfläche und der Model-Komponente

Die entworfene Oberfläche und die dazugehörende Model-Komponente werden mit der Funktion *save* des Layout-Builders gespeichert. Mit dem Werkzeug *xib2e* wird die Oberfläche und die Model-Komponente in entsprechenden Eiffel-Code übersetzt. Es werden die folgenden Dateien erzeugt:

xbrowser.e: Sie enthält den Eiffel-Code für die Oberfläche.

XBrowser: Diese Datei speichert die gesetzten Ressourcen der Oberfläche.

browser_model.e: Sie enthält den Eiffel-Code für die Model-Komponente.

An der erzeugten Model-Komponente müssen anschließend die folgenden Modifikationen und Erweiterungen vorgenommen werden:

- Die deklarierten Rückrufe und Reaktionen sowie eine spezielle Routine *setup*, die zur Initialisierung der Oberfläche dient, müssen vervollständigt werden. Der Compiler erzeugt dafür nur Code-Rahmen.

- Es müssen die Daten für die Listen- und das Textfenster bereitgestellt werden. Hierzu kann die mitgelieferte *Browsing-Library* des Eiffel-Systems verwendet werden.

Der generierte Code wird abschließend mit dem Eiffel-System übersetzt und zu einem ausführbaren Programm *xbrowser* gebunden.

5. Abschließende Bewertung und Erfahrungen

Auf der Basis der erläuterten Konzepte wurde eine prototypischen Implementierung des MVC-Konzeptes in Eiffel mit Hilfe des X-Toolkits und des Athena Widget Sets durchgeführt. Mit der Funktionalität dieser Schnittstelle können Widgets verwaltet und Oberflächen an Anwendungsprogramme angebunden werden. Mit ihr können jedoch keine neuen eigenen Widgets in Eiffel erstellt, sondern nur die vorhandenen benutzt werden. Es ist momentan nur die Möglichkeit vorgesehen, neue Widgets zuerst in C zu implementieren und sie dann durch eine entsprechende Eiffel-Klasse zu kapseln.

Um die volle Mächtigkeit des X-WS in Eiffel abzubilden, ist es unserer Meinung nach notwendig, das X-Netzwerk-Protokoll in Eiffel zu implementieren und darauf die X-Bibliotheken aufzubauen. Dies hätte den Vorteil, daß bereits auf der untersten Ebene ein objektorientierter Kern vorhanden wäre. Allerdings ist eine solche Reimplementierung mit sehr hohen Aufwand verbunden.

Die Erfahrungen mit dem Prototyp der Schnittstelle, die sich auf die Implementierung der Werkzeuge des UIMS stützen, sind positiv. Dabei beeinflußte die Implementierung der Werkzeuge die Implementierung des Prototyps für das MVC-Konzept. Allein das Fehlen des im Smalltalk-80-Systems implementierten change-update-Mechanismus, der in Eiffel durch das Konzept der Teilmodelle ersetzt wurde, wurde im nachherein als ungewohnt empfunden. Es sind deshalb für eine Weiterentwicklung des Prototyps Untersuchungen über diese beiden unterschiedlichen Konzepte notwendig.

Die Werkzeuge des UIMS befinden sich noch im Prototyp-Zustand und sind deshalb nur bedingt einsetzbar. So ist es z.B. noch nicht möglich,

- Menüs und grafische Fenster mit dem Layout-Builder zu erzeugen oder

- den Code für die Reaktionen und für die Rückrufe mit dem Model-Builder zu verwalten.

Die Arbeiten haben jedoch gezeigt, wie eine Schnittstelle zwischen einer objektorientierten Programmiersprache (z.B Eiffel) und einem in einer prozeduralen Sprache implementierten Fenstersystem (z.B. X-WS) konzipiert und realisiert werden kann und welche Konzepte und Werkzeuge für ein UIMS benötigt werden, das Oberflächen nach der MVC-Architektur erzeugt.

Literatur

Bäumer, D. (1991): Konzeption und Realisierung eines Werkzeugs zum Entwurf von fensterorientierten Benutzeroberflächen. Diplomarbeit Nr. 808, Institut für Informatik, Universität Stuttgart.

Budde, R., Züllighoven, H. (1990): Software-Werkzeuge in einer Programmierwerkstatt. Oldenbourg Verlag.

Eiffel (1990): Eiffel: The Environment, TR-EI-7/UM Version 2.3

Greitmann, C. (1990): Untersuchung und Implementierung der Anbindung von Fenstersystemen an Eiffel. Diplomarbeit Nr. 734, Institut für Informatik, Universität Stuttgart.

Krasner, G., Pope, S. (1988) A CookBook for using the Model-View-Controller User Interface in Smalltalk-80.JOOP, Vol.1, Nr. 3, pp 26-49.

O`Reilly, T. (1990): Guide to X-Windows, Volume 1-6, O'Reilly & Associates, Inc.

Pinson, L., Wiener, R. (1988): An Introduction to Object Oriented Programming and Smalltalk, Addison Wesley.

Sylla, K.-H (1991): Die Architektur interaktiver Anwendungen. Vortrag anläßlich eines Arbeitstreffens des GI-AK 4.3.2 in Stuttgart, 19.-20. September.

Erfahrungen beim objektorientierten Entwerfen und Analysieren

Reinhard Budde, Marie-Luise Christ-Neumann,
Karl-Heinz Sylla, Heinz Züllighoven

Gesellschaft für Mathematik und Datenverarbeitung
Schloß Birlinghoven
D-W-5205 St. Augustin

{Budde,Sylla}@gmdzi.gmd.de

Zusammenfassung

In einem Software-Projekt bei der RWG in Stuttgart wird ein interaktives Anwendungssystem zur Unterstützung der Arbeit von Kundenberaterinnen und Kundenberatern einer Bankengruppe konstruiert. Es erschien sinnvoll, eine evolutionäre Entwicklungsstrategie mit Prototypen zu verfolgen. Der objektorientierte Entwurf unterstützt eine solche Entwicklungsstrategie, da Analyse, Entwurf und Programmierung so integriert werden können, daß ein Bruch in den Darstellungsmodellen vermieden wird. Dies führt zu einer Systemarchitektur, die die Begriffe der Anwendungsfachsprache rekonstruiert.

Wir berichten über unsere Erfahrungen beim objektorientierten Entwerfen und Analysieren in dem genannten Entwicklungsprojekt und nehmen zu typischen Themen der Entwicklung Stellung. Kurze Szenen illustrieren die Themen. Die Szenen werden mit Blick auf den Gebrauch einer objektorientierten Programmiersprache und zugehöriger Werkzeuge kommentiert. Themen sind z.B. die Kommunikation zwischen Entwicklern und Anwendern, die Arbeit mit Software-Bibliotheken und die Programmentwicklung im Kleinen. Wir geben eine Antwort auf die Frage: Was leistet eine objektorientierte Programmiersprache wie Eiffel mit zugehörigen Programmierwerkzeugen und Bibliotheken zur Unterstützung von Analyse und Entwurf? Damit die Einschätzungen nicht nur anekdotisch bleiben, werden sie in den Kontext der Entwicklungsstrategie des Projektes gestellt.

- Der volle Text des Beitrags ging bis zum Redaktionsschluß nicht ein -.

Koordinatoren der Arbeitskreise

Arbeitskreis 1, *Entwurf und Verifikation*

Dr.-Ing. Reinhard Budde   Tel. 02241/142260
GMD, Inst. für Systemtechnik   FAX 02241/142618
Schloß Birlinghoven
5205 St. Augustin

Arbeitskreis 2, *Eiffel in der Lehre*

Dipl.-Inform. Horst Lichter   Tel. 0711/7816353
Univ. Stuttgart   FAX 0711/7816346
Institut für Informatik
Breitwiesenstr. 20 - 22
7000 Stutgart 80

Arbeitskreis 3, *Eiffel-Anwendungen*

Dipl.-Inform. Frieder Monninger   Tel. 06472/2096
Sig Computer GmbH   FAX 06472/7213
Zu den Bettern 4
6333 Braunfels

Arbeitskreis 4, *Eiffel-Programmierumgebungen*

Dipl.-Inform. Rainer Fischbach   Tel. 07478/1842
Hirtenbrünnle 25   FAX 07478/2148
7245 Starzach

Arbeitskreis 5, *Nebenläufigkeit in Eiffel*

Dipl.-Math. Werner Simonsmeier   Tel. 030/89009124
Gesellschaft für Prozeßsteuerungs-   FAX 030/8919842
und Informationssysteme (PSI)
Heilbronner Str. 10
1000 Berlin 31

Mitglieder des Programmkomitees

Prof.Dr. G. Barth,
    Univ. Kaiserslautern/GChACM
Dr. B. Bergner, Wiesloch
Dipl.-Inform. R. Fischbach,
    Starzach
Dipl.-Inform. G. Gryczan,
    Univ. Hamburg
Prof.Dr. W. Hesse,
    Univ. Marburg/GI
Prof.Dr. H.-J. Hoffmann,
    TH Darmstadt - Vorsitzender
Dipl.-Inform. H. Lichter,
    Univ. Stuttgart
Prof.Dr. K.-P. Löhr, FU Berlin
Dipl.-Ing. W. Meyer,
    Siemens München
Dipl.-Inform. F. Monninger,
    SIG Computer, Braunfels
Dr. W. Olthoff,
    DFKI Kaiserslautern
Prof.Dr. H. Schiemangk,
    Humboldt-Univ. Berlin
Prof.Dr. R. Schönefeld,
    TH Ilmenau
Dipl.-Math. W. Simonsmeier,
    PSI Berlin
Dipl.-Math. K.-H. Sylla,
    GMD Bonn
Dipl.-Inform. M. Wilcke,
    ABB Heidelberg

Berichte des German Chapter of the ACM

Band 23: Klopcic/Marty/Rothauser, Arbeitsplatzrechner in der Unternehmung
Tagung II/1985 des German Chapter of the ACM und der Schweizer Informatiker
Gesellschaft am 12./13. 9. 1985 in Zürich. 355 Seiten, DM 66,—

Band 24: Bullinger, Software-Ergonomie '85   Mensch-Computer-Interaktion
Tagung III/1985 des German Chapter of the ACM am 24./25. 9. 1985 in Stuttgart.
482 Seiten, DM 78,—

Band 25: Wedekind/Kratzer, Büroautomation '85
Tagung IV/1985 des German Chapter of the ACM vom 2. bis 4. 10. 1985 in Erlangen.
280 Seiten, DM 56,—

Band 26: Wippermann, Software-Architektur und modulare Programmierung
Tagung I/1986 des German Chapter of the ACM am 24./25. 2. 1986 in Kaiserslautern.
181 Seiten, DM 36,—

Band 27: Remmele/Sommer, Arbeitsplätze morgen
Tagung II/1986 und Tutorial des German Chapter of the ACM vom 11. bis 14. 3. 1986
in Marburg. 431 Seiten, DM 78,—

Band 28: Balzert/Heyer/Lutze, Expertensysteme '87
Tagung I/1987 des German Chapter of the ACM am 7./8. 4. 1987 in Nürnberg.
493 Seiten, DM 82,—

Band 29: Schönpflug/Wittstock, Software-Ergonomie '87
Tagung II/1987 des German Chapter of the ACM vom 27. bis 29. April 1987 in Berlin.
512 Seiten, DM 82,—

**Band 30: Winkler, Proceedings of the International Workshop on Software Version
          and Configuration Control**
January 27—29, 1988 Grassau. 478 Seiten, DM 78,—

**Band 31: Dillmann/Swiderski, WIMPEL '88
          1. Konferenz über Wissensbasierte Methoden für
          Produktion, Engineering und Logistik**
Tagung I/1988 des German Chapter of the ACM und der Interface Computer GmbH
vom 28. bis 30. Juni 1988 in München. 479 Seiten, DM 78,—

Band 32: Maaß/Oberquelle, Software-Ergonomie '89
Gemeinsame Fachtagung des German Chapter of the ACM und der Gesellschaft
für Informatik (GI) vom 29. bis 31. März 1989 in Hamburg. 509 Seiten, DM 88,—

Band 33: Ackermann/Ulich, Software-Ergonomie '91
Gemeinsame Fachtagung des German Chapter of the ACM, der Gesellschaft
für Informatik (GI) und der Schweizer Informatiker Gesellschaft SI
vom 18. bis 20. März 1990 in Zürich. 383 Seiten, DM 84,—

Band 34: Friedrich/Rödiger, Computergestützte Gruppenarbeit (CSCW)
Gemeinsame Fachtagung des German Chapter of the ACM mit der Gesellschaft für
Informatik (GI) und der Universität Bremen FB Mathematik/Informatik vom 30. 9. bis
2. 10. 1991 in Bremen. 314 Seiten, DM 69,—

Band 35: Hoffmann, Eiffel
Fachtagung des German Chapter of the ACM in Zusammenarbeit mit der Gesellschaft
für Informatik am 25. und 26. Mai 1992 in Darmstadt. 112 Seiten, DM 42,—

Preisänderungen vorbehalten

 B. G. Teubner Stuttgart